科果教育＆丹道文化出版

自媒體熱浪！
玩轉直播電商術

搶搭直播潮 4招締造高效行銷

作者團隊
陳湧君 網虹城 創始人兼董事長
梁賓先 華苓科技股份有限公司 董事長
黃銳棋 科果教育 金牌講師暨直播操盤手

LIVE

自媒體熱浪！玩轉直播電商術 目錄 CONTENS

序

由於數位科技的快速發展、疫情的推波，改變了商業及消費型態，直播電商迎來爆發式增長，通過即時的視頻直播技術，企業能夠實現前所未有的溝通和互動方式，與顧客建立更深層次的聯繫，同時展示他們的品牌價值和產品特點。

《自媒體熱浪：玩轉直播電商術》這本書，正是企業主和行銷專業人士迫切需要的一本指南，為讀者提供全面而實用的指引，幫助讀者在競爭激烈的環境中脫穎而出。

本書著墨良多在如何運用直播電商來推廣品牌、提升銷售、擴大受眾，並與顧客建立深厚的情感聯繫等部分。同時，如何策劃和執行一場成功的直播電商活動、有效利用視頻直播平臺和社交媒體，以及量化和評估直播活動的成效，也能於本書找到解答。

從直播電商的事前籌備、播前規劃、貨品準備到播後複盤，湧君、銳棋與我期待通過豐富的案例研究、實用的技巧和最佳實踐，引領讀者探索直播電商的無限潛力。無論是初學者或經驗人士、剛起步的創業公司或已擁有廣泛客戶群的大型企業，這本書都可以提供寶貴的見解。

　　我們生活在一個資訊爆炸的時代，直播電商是一個能夠獨樹一幟並與目標受眾建立深入聯繫的強大工具。我衷心推薦這本書給所有渴望在數字化時代蓬勃發展的企業家、行銷專業人士和企業領袖。讓我們一起探索直播電商的無限可能性，開創更廣闊的商業前景！

　　願所有讀者在閱讀本書的過程中獲得啟發，並將所學實踐於商業，一同迎接直播電商的挑戰和機遇，為企業的成功和成長作出重要的貢獻。

　　祝您閱讀愉快，並在直播電商的領域中取得卓越成果！

PART 1

直播籌備

1.1 │ 直播團隊人員搭建

1.1.1

直播帶貨基本崗位職責分配

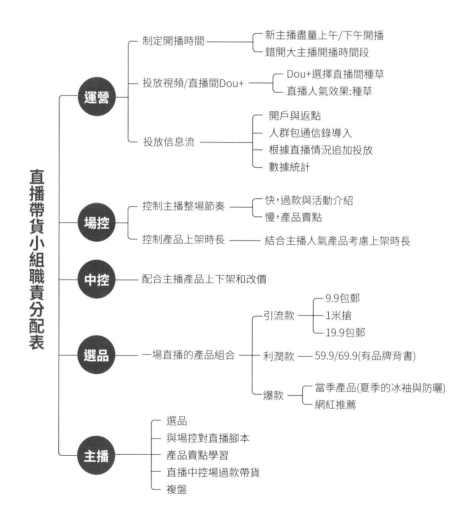

"主播"的重要性

不同品類的主播都要具有行業知識和產品認知專業度，這是最基本的，在直播帶貨的體系中，主播扮演的角色其實就是專業的銷售人員，在某種程度上更是一個富有感染力和掌控全場節奏的演講者，直播間賣貨的過程中同樣如此，主播就是"單點"對"面"與粉絲觀眾的直接溝通者，所以直播間的銷售產出也是與主播綜合能力而相關聯。

直播運營到底是幹嘛？

直播運營是策劃直播流程，做好整體的人貨場匹配，然後監控資料回饋整個直播各個過程的短板，一個直播運營得知道這直播間缺什麼，就補什麼。

比如說缺互動，那麼他就得給主播補一些互動的話術，甚至自己去互動，要告訴主播在什麼時候應該要求我們的直播間粉絲去做某些指令性的動作：點贊、點小黃車。

缺轉化那麼你就要拿你這個產品類目裡面性價比比較好的，用相對有優勢的價格去做秒殺；缺加粉，那就要把關注的這種話術，就是讓粉絲們加入粉絲團的迴圈做頻繁一些。

缺流量怎麼辦，投放！投放要分缺什麼流量，是補隨心推還是補千川，這些所有的動作都是為了把五分鐘直播迴圈的各個節點做好，然後無限地重複這樣的一個過程。

高級場控工作有哪些？

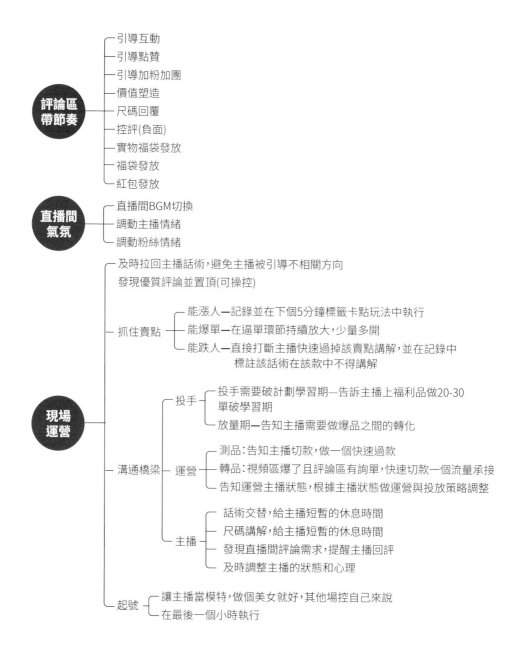

評論區帶節奏
- 引導互動
- 引導點贊
- 引導加粉加團
- 價值塑造
- 尺碼回覆
- 控評(負面)
- 實物福袋發放
- 福袋發放
- 紅包發放

直播間氣氛
- 直播間BGM切換
- 調動主播情緒
- 調動粉絲情緒

現場運營
- 及時拉回主播話術，避免主播被引導不相關方向
- 發現優質評論並置頂(可操控)
- 抓住賣點
  - 能漲人—記錄並在下個5分鐘標籤卡點玩法中執行
  - 能爆單—在逼單環節持續放大，少量多開
  - 能跌人—直接打斷主播快速過掉該賣點講解，並在記錄中標註該話術在該款中不得講解
- 溝通橋梁
  - 投手
    - 投手需要破計劃學習期—告訴主播上福利品做20-30單破學習期
    - 放量期—告知主播需要做爆品之間的轉化
  - 運營
    - 測品：告知主播切款，做一個快速過款
    - 轉品：視頻區爆了且評論區有詢單，快速切款一個流量承接
    - 告知運營主播狀態，根據主播狀態做運營與投放策略調整
  - 主播
    - 話術交替，給主播短暫的休息時間
    - 尺碼講解，給主播短暫的休息時間
    - 發現直播間評論需求，提醒主播回評
    - 及時調整主播的狀態和心理
- 起號
  - 讓主播當模特，做個美女就好，其他場控自己來說
  - 在最後一個小時執行

1.1.2

1.1.5

直播團隊每天的工作流程是怎樣進行？

　　從某種角度來說，直播就是一份事業，事業就要認真對待，每一場直播在開播前都應做足準備，每場直播流程中分為三個流程：

① **開播前準備**：依照本場的目的排產品，運營+主播+投放+中控玩法策劃等多種組合，產品上架，設備燈光調整，鑄幣流程框架話術演練入狀態。

② **開播中帶貨**：人、貨、場、高效配合直播賣貨。

③ **下播後複盤**：對本場各崗位人員配合度、狀態、直播間節奏、主播的狀態、帳號的資料複盤（流量資料、產品資料）。

1.1.6

在招聘主播的過程中，
如何篩選出性價比高且具有潛質的主播

　　在行業人才稀缺的當下，優秀的主播必然是非常稀缺，可遇不可求，特別是服飾、美妝領域，主播泡沫化的開價與能力不匹配的情況下，在招聘主播時，除了形象氣質硬體條件外，更多注重主播的溝通語言邏輯組織性、思維發散性、條理清晰性、以及表達能力和主導意識多方面衡量，結合以上幾要素才能確定是否可以培養（招聘）一名優秀的主播。

1.1.7

怎麼才能解決主播突然離職的可能性？

　　對於平台而言，三天打魚兩天曬網是不符合抖音直播帶貨調性的，應對主播的流失性，即使營造一個相對愉悅的團隊和有效的激勵機制，也同樣會有主播突然流失的可能性，為了避免主播突然離職，可從主播的提成機制中採取預留百分比的方式次月延後發，並在入職時簽署提成延後分月發放，離職延後期，在此過程中招到主播頂替才能保證穩定的直播場次，可有效降低團隊停播期。

招了好幾個主播都留不住到底該怎麼辦？

很多時候我們招的主播留不住無非有幾個原因：首先就是我們的號做不起來，主播拿不到提成走了。然後就是你招過來之後業績還不錯，但是，你把他的嗓子給搞壞了，也不想幹了。健康是每一個人的基本前提，如果業績還不錯，千萬要保護好主播的嗓子。可以用排班的方式讓主播輪流來播，要不然你招誰都沒用。最後，老闆除了用高額的物質來刺激，同時也必須培養精神層面的心理建設，也要注意一下主播的心理感受，很多時候一不高興就不幹了。

試播主播考核

項目	分值	詳細說明	負責人	分值
鏡頭感	20	主要觀察上鏡整體站姿、表情、聲音	運營／運營總監	
語言邏輯	20	主要考察語言邏輯、水詞多少、產品講解節奏	運營／運營總監	
銷售技巧	20	主要考察直播商品點擊率	運營	
增粉情況	20	主要考察場均互動次數	運營	
配合程度	20	主要考察與運營團隊的溝通和執行能力	運營／助理	

根據直播間資料情況開播後進行以下三部曲

前 5 分鐘：利用直播間抽獎吸引流量吸引粉絲停留和新關注

5-15 分鐘：主播高頻率講解產品及優惠的相關資訊，活動和搶購時間以及是否限量等資訊

直播 15-20 分鐘開始講解產品；每 5-10 分鐘一個產品

1、產品基本資訊 + 福利講解 + 優惠券發放

2、產品上架 + 產品試用講解推薦使用秒殺

3、點贊、互動頻率到一定程度後抽獎，穩定直播間氛圍

1.10

常規考核機制

項目	權重	項目	權重分值	項目明細	細項分值
個人能力	70	個人形象	10	❶ 注意個人著裝以及裝飾，能夠較好匹配當前直播間的整體形象設計。	10
				❷ 注意個人著裝以及形象，偶爾出現個人形象與直播間整體不符。	8
				❸ 過於強調個人形象，不注意與直播間的形象配合度。	6
				❹ 不注重個人形象，著裝化妝隨意。	4
		控場能力	15	❶ 能主動控制直播間氣氛，帶動粉絲參與互動的積極性，引導粉絲關注、進群、分享。	15
				❷ 能夠主動直播間氣氛，引導粉絲關注、進群、分享。	10
				❸ 能夠控制直播間氣氛，偶爾提醒粉絲關注。	8
				❹ 無視直播間氣氛，整場按照個人喜好口播。	4

個人能力	70	產品知識	15	❶ 熟練掌握產品賣點，有自己口播產品的特點並被大多數粉絲喜好。	15
				❷ 熟悉產品特點，有自己的口播產品話術。	10
				❸ 對產品特點生疏，需要對照產品資料口播。	5
		領域知識	20	❶ 在專業領域有一定的影響力，並擁有自己的專業領域和粉絲群。	20
				❷ 精通所播出專業知識，對領域知識能夠做到細緻入微的講解，不借助現場資料講解粉絲常見問題。	15
				❸ 對所播出的專業知識有一定瞭解，需要借助資料講解專業知識，能解答粉絲的部分問題。	10
				❹ 對所播出專業知識不熟悉，經常對粉絲問題無法解釋解答。	5
		學習能力	10	❶ 經常參加各種培訓，並將所學內容在團隊分享，對新知識有自己的學習方法，可以快速上手新領域。	10
				❷ 定期參加培訓，不定期在團隊分享所學知識。	8
				❸ 按照要求參加培訓，完成培訓任務。	6
				❹ 參加培訓不積極，對培訓知識不做整理，無法按時完成培訓任務。	4
職業素養	30	分享能力	5	❶ 提出自己有效建議並分享給身邊人。	5
				❷ 能提出自己的建議，但很少主動分享。	4
				❸ 很少提出建議，被動指導建議他人。	2
				❹ 缺少主動溝通，對他人的友好建議反駁並且有較大的抵觸情緒。	1
		創新意識	3	❶ 有創新意識，總結自己策劃活動，執行別人沒有的活動。	3
				❷ 有創新意識，自己能簡單策劃活動，但執行不到位。	2
				❸ 缺乏創新意識，工作停留在執行階段，少有改進。	1

		❶ 能夠高度配合團隊，給予團隊有效建議和説明，共同完成目標。	10
團隊協作	10	❷ 能夠配合度較高，能夠及時完成上級交辦任務。	8
		❸ 協作能力一般，配合上缺乏主動性。	6
		❹ 個人主觀意識過強，未經協商擅自更改要求，配合度差。	4
執行能力	10	❶ 能積極按時完成上級交代的任務	10
		❷ 稍有延時，但能完成上級交代的任務。	6
		❸ 在監督下完成任務，但有拖拉，不及時或未完成現象。	4
承壓能力	2	❶ 能夠承擔大型活動或額外工作量，任勞任怨，竭盡所能完成任務。	2
		❷ 總抱有信心，並始終積極努力地做好工作。	1
		❸ 能夠完成工作但很少主動承擔工作。	0

1.1.11

店鋪主播薪資KPL 考核方案

1、 主播分層

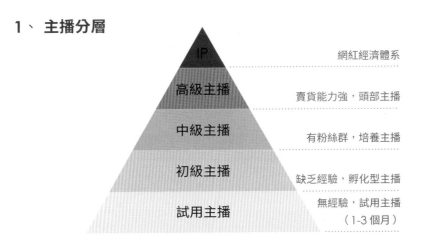

2、績效方案

等級	底薪	績效	保底
試用期主播	3,000 左右	當月績效	5,000 左右
初級主播	4,000 左右	當月績效	6,000 左右
中級主播	5,000 左右	當月績效	7,000 左右
高級主播	6,000 左右	當月績效	8,000 左右

（單位：人民幣／參照當地薪資之約略值）

① **目標制定**

每月一號制定本月店鋪的銷售初級目標，因目標準確度是整個方案的關鍵因素，所以每月15號對目標進行上下幅度10%的調整。整個方案的銷售統一目標為每個統一扣除退貨後的淨銷售額。

銷售目標制定維度：日常銷售額上漲比例、上新銷售增長比例，店鋪活動場數。

② **階梯績效方案**

為了促進成員的進步和更有動力，建議階梯績效方案為：

店鋪	最終目標	績效	+ 目標	績效	++ 目標	績效

③ **占比制方案**

（建議主播每月穩定和達到店鋪目標後）直播薪資 ＝（個人提成 x KPI% ＋ 全勤）x（出勤天數/有效天數）個人提成 ＝（店鋪直播本月銷售額/直播本月目標）x 保底薪資

保底薪資

試用期	初級主播	中級主播	高級主播
3,000-4,000	4,000-5,000	5,000-6,000	7,000

（單位：人民幣／參照當地薪資之約略值）

直播本月目標 = 店鋪本月銷售額x 直播銷售額前三個月平均占比例子

店鋪	店鋪銷售額	直播銷售額	直播占整體比例
8 月份	4,352,906	829,815	19.06%
9 月份	5,457,914	853,603	15.64%
10 月份	5,469,756	1,023,325	18.71%

11月店鋪的實際銷售額為$5,000,000，預設本月的目標＝5,000,000x0.178＝890,000。如11月直播實際銷售額為100萬元，那中級主播的個人提成＝（100/89）x 5,000＝5,617元

3、 KPI制定思路

① **能力考核**：固定指標占KPI 60%

考核目標（訪客數、新增粉絲數、支付轉化、人均線上、粉絲指數）

② **管理考核**：固定指標占KPI 40%

③ **考核目標**：（需具備五項特性，溝通能力、執行力、抗壓力、以及協調性和創新性。）

1.2 | 直播間場景搭建有什麼影響？

1.2.1

直播間場景的重要性以及有什麼影響？

問：背景雜亂的直播間，你是否想迅速滑走？

答：兩點場景搭建技巧，讓直播間人氣有效提升。

① 【燈光】比如主播身材和顏值都還不錯，但是燈光的原因，會大大降低你的成交率。

② 【背景】比如說做教學的直播，重點要營造我們學習的氛圍，可以身後放置一塊小黑板或者LED小螢幕。做帶貨的背景則一定要主題明確，展示出今天優惠活動的優惠力度，賣土特產，可以在產地進行直播，還原你的真實。

1.2.2

什麼樣的直播間場景吸引人

① 越貼近生產流程的直播場景，越能激發用戶的購買慾。

② 越貼近人設的直播場景，越能激發用戶對商品的信任感。

③ 馬太效應下新帳號想要在人、貨上的突破會更為艱難，反而場景搭建的競爭會簡單很多。

④ 使用一如既往地陳列手法已經很難吸引使用者，直播間需要更有創新，比如最近很火的雪山下的直播。

⑤ 99%的內容直播都是虛假繁榮，用蹦迪場景行銷食品，跟在火山口賣香皂一樣荒謬。

⑥ 最好的直播場景，最好的行銷話術，就是你手裡的貨

1.2.3

直播間場景分為哪幾個部分

合格的直播場景應該分為主推區、產品區、道具區三個部分。

主推區就是直播間的核心區域，主播站在哪裡，用戶進入直播間就會關注哪裡，所以主推區的核心作用就是突出主播講解及展示的產品。

即使在優秀的直播間，也無法保證你的主推款是用戶喜歡的，為了避免用戶流失，可以通過流失陳列等方式去向使用者展示其他產品，這樣不僅能延長用戶停留，還能促進轉化，這個區域就是產品區。

但是70%以上的觀眾不會在你說出價格的時候就下單，轉化是一個放單、逼單、踢單的過程，觀眾不下單可能是覺得你的直播間信任不高或者是活動力度不夠，這個時候我們就需要有道具區用於增強信任度和告知福利活動。

1.2.4

帶貨直播需要用到哪些設備工具？

不同賣貨場景使用的不一樣，這裡主要分享合適大部分類目的。

① 燈光

球形燈：光源發散、柔亮。

環形燈：近距離展示、美顏補光。

地燈：下半身補光。

② 手機開播

手機一台：該手機在處理象數與光線技術上比安卓手機好，安卓手機模特出鏡泛白。

③ 電腦開播出鏡前，準備直播攝像機、音效卡、高配電腦、電腦安卓抖音直播伴侶。

④ 投屏電視或者手機+手機支架

建議不懂流量的主播使用直播投影能夠避免延遲問題。

1.2.5

直播間電腦配置和數量怎麼配備？

① 直播的電腦：i7+獨立顯卡+16G記憶體+固態硬碟（高清視頻處理耗資源）。

② 網路專用線：和團隊連接的wifi區分開。

③ 電腦數量3-4台：直播電腦一台（性能高），商品上下架一台，投放運營一台（普通辦公電腦）。

1.2.6

直播間鏡子有哪些？

① 服裝類目：落地試衣鏡。

② 珠寶首飾類：桌面化妝鏡。

③ 鏡面反射直播：對著大鏡子直播，可以近距離看手機，不用麥。

1.2.7

直播間綠幕怎麼用？用在什麼場景？

直播綠幕用於虛擬直播間，配合電腦直播，綠幕軟體，可以任意切換背景，展示產品賣點和使用場景、專場活動介紹。（淘寶上有賣綠幕的商家他們有配套軟體和教程）。

1.2.8

直播間畫面模糊，主播顯白是怎麼回事？

① 畫面模糊要看看直播設置，是否選了1080p進行推流。

② 主播顯白，濾鏡沒有調好，白皙濾鏡關小一點，要不就是直播手機和攝像頭處理問題。

1.2.9

直播間視頻有電流音雜音刺耳聲，怎麼回事？

① 一般就是使用的音效卡接觸不良，會出現到電流雜音，或者就是蘋果手機正在充電。

　　解決辦法：調試音效卡接頭，在直播過程中不要充電。

② 手機和音效卡之間出現了回錄

　　解決辦法：將手機的音量關到最小。

1.2.10

直播間裝修什麼風格調性該怎麼設計？

　　根據產品的對標消費群體和產品定位調性來確定裝修風格，如產品消費群體分為年齡、性別，定位年輕群體裝修符合年輕人虛幻有共鳴元素的方案裝修，產品定位可分為高客單和中低客單價，根據客單價確定直播間裝修的檔次和調性。

直播間場景和場地都有哪些類型？

① 室內直播場景（線下展廳、酒店臥室、家中、線下門店、工廠生產線、批發市場）。
② 戶外直播場景（果園採摘、娛樂走波、戶外探險、生活日常、風景旅遊、手藝分享）。
③ 虛擬直播場景（電腦綠幕摳像，可隨意更換背景素材）。

怎樣快速搭建低沉本顯檔次的直播間？

　　以女裝類直播間為例：當低成本場地都很簡陋時，我們可以購買移動酒店式衣櫃、高端壁紙/窗簾、沙發、地毯、牆畫、以上幾類物件組合即可快速搭建出顯檔次的直播間。

如何模仿同行的直播間場景

　　模仿同行帳號一定要選擇優秀的帳號，優秀帳號背後都是精細化的運營團隊，不管是貨品排品，還是場景佈置，都具備很強的行銷邏輯。我們可以通過協力廠商軟體查詢自己類目的優秀直播間，然後關注幾十個優秀的直播間，記錄這些直播間的特點：

	直播間名稱 1	直播間名稱 2	直播間名稱 3
直播背景怎麼樣？			
用的什麼形式？突出什麼資訊？			
主播長什麼樣？（主播人設）			
平播還是賣場還是店播？			
放不放 BGM，放什麼類型的？			
怎麼突出主推款（背景上還是桌子上）			
其他是怎麼展示的，話術引導下單？貨架模型展示？			
福利是什麼？運費險？假一賠十？			
福利是貼紙展示還是背景牆展示？			

　　記錄這些資訊後，我們需要分析整理，推敲自己的場景有沒有問題，可以通過以下幾點思考：

❶ 用戶能不能1秒內就看出我賣的是什麼？

❷ 用戶能不能3秒內就抓住我主推什麼商品？

❸ 使用者能不能通過螢幕看到我有什麼額外的賣點？

❹ 用戶從手機上看我的直播能不能感受購物的樂趣與氛圍？

如符合上述四點證明我們的直播間場景上是沒有太大的問題的。

下播後要注意哪些設備注意事項？

　　設備充電：直播手機、伴侶手機、話筒等需要電源的設備。很多團隊下播後沒有及時充電，第二天開播發現設備沒電，手忙腳亂。

　　設備不要串用：直播間話筒、支架串用後，下次開播，設備調試人員不一定在場。

1.3 | 直播前期安全性準備

1.3.1

一個人可以實名幾個帳號？

正常一個身份證只能實名一個抖音號，不能解綁和換綁，只有登出才能釋放實名資訊去綁定新的帳號，註銷天後才能綁訂新的帳號，被封的帳號暫時不支持註銷。

1.3.2

帳號謠言有哪些？

你是否聽過以下謠言？

① **一機多號**：同一個設備，頻繁切換不同的抖音號，容易影響帳號的流量，被判定為小號作弊。

② **同一wifi**：發佈不同抖音號視頻，會影響這些抖音號的流量分支，4G條件下發佈的視頻的流量比wifi情況下發佈短視頻流量高。

③ **一號多機**：同一個抖音號不能在多個設備上登錄。

官方解讀：正常帳號以上操作均不會影響流量；但是平台為打擊黑產，會對有作弊行為的帳號進行處理。

1.3.3

抖音直播需要養號嗎？

結論：需要

風控是什麼：平台判定你為非真實用戶後，對帳號採取的限流手段。

導致風控的原因：同一網路IP大量註冊帳號。

怎麼避免：

① 一機一卡，不要使用wifi，用手機流量註冊。

② 刷視頻：模擬真實用戶的使用場景，但有一點要注意，瀏覽者標籤和創作者標籤是相獨立的，你的推薦頁全是垂類視頻並不代表你發的視頻也會推送給垂直用戶。

③ 定標籤：開啟直播後，使用加值工具投入200抖加，選擇相似達人跑對標帳號粉絲做轉化。

1.3.4

帳號如何定位？

① **投其所好**：你想要什麼樣的粉絲？粉絲在哪？ 他們愛看些什麼？

② **參考同行**：先瞭解、參考同行的定位投放，有哪幾類？例如女裝：穿搭類、街拍類，同行在幹什麼，有什麼優缺點。

③ **分析自己**：結合自身的優勢，想要傳達什麼？例如：女裝工廠店，優勢貨源，價格優勢，就是展示車間、倉庫、發貨等資訊，給粉絲實惠、真實的感覺。

1.3.5

帳號同一個作品可以重複發佈嗎？

可以，但是為了避免被平台判定搬運，需要做一些去重調整，比如在其他變數不變的情況下，只修改BGM、幀數、文案、口播內容、拍攝角度等任意一項，不斷檢測是否違規，不斷繼續增加修改的變數，踩著平台的底線過審，在直播預告，連爆操作，就是這樣操作的。

1.3.6

帳號視頻效果不好，能批量刪除嗎？

不建議刪除，會被風控，隱藏視頻就可以了，方便以後對視頻帳號進行分析。

如何隱藏視頻：點擊分享，點擊許可權設置，選擇僅對自己可見。

隱藏視頻還有一個重要的作用，就是對正在投放的視頻訂單進行停止投放。

1.3.7

達人資料怎麼設置

暱稱：識別度高、好記、職業屬性標籤。

例如：品牌+職業/產品=森馬潮流女裝。

頭像：儘量用真人頭像+產品/職業場景，企業可用LOGO。

背景圖：儘量用真人頭像，企業可用企業LOGO，產品展示。

1.3.8

直播間封面如何設置？

直播封面，是展現在直播廣場，同城分享頁，所以好的封面，可以提高曝光，提高點擊率，進入直播間。

封面的圖片選擇，要和直播間內容相關聯，匹配度高，不然會誤導用戶進入，快進快出，跳失率就很高，影響直播資料。

封面圖片違規限制：服裝的不能性感裸露、活動類虛假宣傳的文字等，依照正常的人物商品配置場景就可以了。

1.3.9

直播間標題怎麼設置？

標題出現在哪裡呢：在直播中推薦，畫面的左下角，刷到你的直播間，好的標題會提高點擊率，提高進入直播間的人數。

標題分為內容型、行銷型、誘導型，要言簡意賅。

內容型：秋季女裝新品上線、交個朋友好物推薦。

行銷型：909米秒殺中、蘋果手機抽獎中。

誘導型：3000人正在觀看中……你的20個朋友正在觀看……你的好友正在參與……

1.3.10

直播間話題怎麼設置？

直播話題的作用，也是直播間的一個分類標籤，話題標籤設置好，就能推送到對應人群。

一般結構內容：類目詞+活動、修飾詞+類目詞。例如女裝上新、輕奢女裝。

1.3.11

直播間同城開關怎麼設置？

打開同城定位，我們的直播間就會被推送給同城，獲得同城流量，一般我們賣貨直播間在有標籤的情況下，可以不關閉同城，因為同城流量的推送也是根據人群的畫像進行推送的，不是隨便推送的，只有跟你直播間標籤相關的用戶才會刷到，屬於免費的自然流量；但如果是新號沒有標籤，同城大概率會推送給娛樂用戶，也就是我們說的"色粉"，這部分人群會很大程度影響到起號期自然流量的標籤精準度，建議關閉同城。

如果要做娛樂，交友類直播間，不管什麼時候都可以再一次打開。

1.3.12

直播間頁面需要設置哪些？

開播前點擊設置，或者開播過程中點擊右下角 "..." 也可以設置。

直播介紹：就是每位元進入直播間的關注，都會在左下角看見的。

一般寫直播的活動，直播優化，直播內容，都可以，讓關注一目了然，讓觀眾知道這個直播間是幹嘛的。

清晰度：網路好的話，就設置1080p，如果網路不好，就720p，網路一般或者不好的，不要這種1080p高清，要知道，寧可不清晰，也不要讓直播間卡住。

直播公告：就是告訴粉絲，你開播的時間，讓粉絲瞭解，直播公告也會在我們主頁展示出來。

1.3.13

如何隱藏主頁關注和喜歡列表？

打開抖音，我的-右上角-設置-隱私設置-關注與粉絲清單，按鈕是灰色的，說明已經關閉了。

沒有度過新手期，店鋪單日總量限制1000單

TIPS

什麼是矩陣帳號？矩陣怎麼做？

首先矩陣帳號，不是簡單的把視頻二次裁剪，再發佈在其它帳號。

矩陣帳號也有分類：企業矩陣號和個人IP矩陣號，例如樊登讀書IP矩陣，不同書籍內容輸出的矩陣。我們電商矩陣號，主要變現同產品，同品牌不同人設，不同人設輸出不同，例如女裝：同一品牌，我們可以穿搭號、劇情號、品牌號。

抖音粉絲群怎麼設置？有什麼用？

直播視頻可以發佈快速通知，有任何新作品、新動態，第一時間系統自動通知粉絲。

粉絲加群門檻，可以自由定義設置，選擇你定義的加群條件，比如粉絲團等級，讓他們成為你的核心粉絲，重要資訊群公告通知給粉絲。備註：群內支持各種活動玩法，紅包玩法。

如何查看自己的帳號是否打上標籤？

① 打開巨量百應登錄你的達人帳號。

② 點擊基礎設置裡的達人廣場。

③ 點擊進入直播主頁，最後查看你的內容類別型，就是你的帳號標籤。

④ 投放一單DOU+，選擇系統推薦，消耗完畢看DOU+帶來的粉絲頭像，如果都是你需要的就打上標籤了。

1.4 | 抖音電商規則指南

1.4.1

正確開通小店的順序是怎麼樣的？

錯誤方式：先開通櫥窗，再開通藍V，然後再開通小店。

正確方式： 開通順序應該是先開通小店，小店包含著櫥窗區補交一個
500的押金就可以了。再去認證一個藍V，之前開通的小店
都可以免費認證藍V。

1.4.2

抖音小店如何度過新手期

兩個方法，首先打開抖音小店後台打開店鋪設置，然後點擊店鋪等
級會出現兩種驗證的方式。

第一種：法人名下已經有了一個通過新手期的店鋪，可以直接輸入
ID過新手期。

第二種：就是註冊小店的這個執照，同樣註冊了其他平台的電商店
鋪，比如某寶、某東等，通過協力廠商的店鋪連結來驗證，以通過新手
期。

如果以上兩種方式都不滿足，也不要擔心，每天賣個一二百單，持
續一周左右，就會通過新手期了，所以前期不要拉的太猛。

1.4.3

精選聯盟是什麼？怎麼開？

精選聯盟是撮合商品和達人的CPS雙邊平台，一邊連接創作者，一邊連接商家。

怎麼開通：點擊商家後台-行銷中心-精選聯盟-點擊立即開通商家可自動入駐精選聯盟。

需要滿足的條件：

① 關閉許可權次數<3次。

② 商家體驗分>=4.0分。

另外，商家必須是正常狀態，且符合精選聯盟要求的商家。

常用的聯盟工具：普通計畫、定向計畫、專屬計畫。

普通計畫：操作簡單，適用於大部分的商家，商家設置好傭金之後，達人可以直接選品合作；傭金設置必須>=1%。且修改傭金需要隔日凌時生效，一次可添加20款推廣商品。

專屬計畫：商家和達人在價格和傭金上達成特定的合作，僅指定的達人可以進行推廣，其他的達人沒有許可權進行推廣。

定向計畫：和專屬計劃類似，商家和達人達成合作之後，在普通計畫裡的商品設置好傭金力度，單次最多選擇10個商品，定向計畫支援0傭金設置，傭金設置0%～80%。

商家體驗評分指標拆解

評分維度及權重	細分指標	指標定義	考核週期
商品體驗（50%）	商品差評率	商品差評率＝商品差評量／物流簽收訂單量。	近90天物流簽收數據
		有物流簽收資訊的訂單考核物流簽收訂單量，無物流簽收資訊的訂單考核確認收貨訂單。	
		僅考核首次評價資料。	
	品質退貨率	品質退貨率＝店鋪商品品質／物流問題退貨退款（包含退貨退款＋僅退款）訂單量／店鋪支付訂單量。	前15-104天品質退貨數據
物流體驗（15%）	攬收及時率	攬收及時率＝（訂單攬收時間－訂單支付時間）<x小時的訂單量／攬收訂單量。	近90天攬收訂單資料
		預售訂單、無須發貨訂單，不參與計算。	
		分別考核24H、24-36H、36-48H攬收率，加權計算。	
	訂單配送時長	訂單配送時長＝全部（訂單簽收時間－訂單攬收時間）／簽收訂單量。	近90天簽收訂單資料
服務體驗（35%）	投訴率	投訴率＝店鋪問題投訴量／店鋪支付訂單量。	前15-104天投訴數據
	糾紛商責率	糾紛商責率＝售後申請完結的訂單中判定為商家責任的仲裁單數／總售後完結數。	近90天售後完結訂單資料

	IM3 分鐘平均回復率	IM3 分鐘平均回復率 =3 分鐘內客服已回復會話量 / 使用者向人工客服發起會話量。	近 90 天人工客服會話量
服務體驗（35%）	僅退款自主完結時長	僅退款自主完結時長 = 僅退款的每條售後單等待商家操作時長總和 / 對應售後單量。	近 90 天售後完結訂單資料
		等待商家操作時間為：消費者申請退款到商家同意的時間。	
	退貨退款自主完結時長	退貨退款自主率 = 售後單裡退貨退款、換貨的每條售後中等待商家操作的時間總和 / 對應的售後量。	
		等待商家操作時間為：（消費者申請退款到商家同意退款）+（商家退貨物流簽收到商家同意退款）時間之和	

1.4.5

因商品體驗分導致差評時，怎麼樣避免店鋪整體評分的影響？

根據平台政策更新後，差評改好評的方法已不再有效。目前提升店鋪體驗分的辦法：

① 提高商品品質（避免中差評）。

② 可做好評返現卡與產品同時發出（避免中差評）。

③ 好評曬圖後補發相應的禮品（避免中差評）。

④ 確認收穫7天內差評的客戶，聯繫協商退貨退款，此差評訂單將不計入評分標準。

自
媒
體
熱
浪
！
玩
轉
直
播
電
商
術

PART

1

1.4.6

抖店創建商品要點有哪些？

　　商品創建，可用電腦/手機端創建，手機端下載抖店APP，操作方法很簡單，自行實際操作一次就會，以下說明簡單的要點：

① 商品至少一張600*600尺寸的主圖和詳情圖。

② 抖音的商品主要是看直播、看視頻介紹、活動轉化的，主圖和詳情頁要求不高。

③ 同一個商品可以複製出多個連結，活動連結和備用連結。例如做活動的時候，上不同連結，直播違規被下架了用備用連結，評分不好的也可以上備用連結。

1.4.7

小店常用行銷活動有哪些？怎麼設置？

優惠券：

　　商品優惠券：限定商品可用。

　　全店通用券：店內所有商品通用。

　　優惠券類型分為：直減、折扣、滿減。

　　可以在公開領取，可以在直播間發放，也可以給客戶單獨發放。

1.4.8

一個小店最多能綁幾個抖音號？開幾個店？

　　每個小店最多可以綁定5個抖音管道號，取消綁定需要滿足180天才能以解綁。

一個營業執照可以認證幾個抖音號？開幾個店？

　　一張營業執照可以認證兩個抖音號，一張營業執照只能開一個抖音小店店鋪，但是一個人可以註冊多個營業執照。現在關聯店鋪可能會有被封禁的風險。

抖音小店常用的工具有哪些？

選品軟體：飛瓜數據、蟬媽媽、抖音精選聯盟排行版。
上架產排：行榜手、甩手、面兜兜。
下單軟體：小鴨、逸淘。
客服：抖店自帶的飛鴿客服。

開通小店後首先需要設置哪些選項？

運　費　險：商家保障中心點進去勾選上，前期做店鋪起的時候一定要把運費險開通，後期就可以關掉。
極　速　退：和運費險一樣，前期一定要開通，後期可以關閉。
帳號綁定：綁定官方帳號，管道號以及簽署合同協議。
精選聯盟：在行銷中心點擊加入，而且店鋪所有的商品一定要全部加到精選聯盟內，傭金設置20%。

1.4.12

為什麼我上傳產品被提示審核不通過被駁回？

① 是否提交完善相關資料（品牌資質、行業資質、授權資質、商品資質及其他相關各類證明材料）

② 檢查商品標題是否有誘導詞、極限詞，以及產品功效誇大詞。

③ 商品詳情頁文圖避免協力廠商平台站外引流字元、國家敏感圖文、低俗、侵權、誇大功效字元等。

1.4.13

小店商品價格低於運費有哪些影響？

當商品在直播間掛車售賣時，可能會被下架封禁、嚴重的會被封店，盡可能利用商品組合價格不低於運費。

1.4.14

發貨超時，攬件超時對店鋪有哪些影響？

會扣除店鋪相對應的保證金以及降低店鋪體驗分，最終影響店鋪所綁定帳號導致限流。

1.4.15

什麼情況下小店會被永久封禁？

商家店鋪體驗分低於3.5分，商家店鋪上傳的品牌資質若不符合准入標準的品牌資質要求，系統會每天檢驗商家狀態，對達到清退標準的商家進行清退。商家符合准入標準後可再次開通精選聯盟服務，每個商家開通精選聯盟平台服務的次數僅限三次。

正常經營中，哪些常規事項最容易導致店鋪違規 ？

　　發貨超時/攬件超時、無物流資訊、虛假發貨客戶投訴、包裹異常、客服接待超時、售後服務不積極及商品標題詳情頁出現法禁用詞。

商品櫥窗圖和商品詳情頁品質的好壞會有哪些影響 ？

　　商品櫥窗圖品質會直接影響粉絲對該產品的感興趣程度和點擊率，是反應轉化成交的重要因素之一。低品質模糊隨拍的產品圖文描述帶來的是低轉化、低成交以及低價格；相反，高品質清晰美觀的產品圖文描述，可有效提升點擊率、轉化率以及成交率等多個指標。

產品連結銷量很高時，好評率太低，是否繼續使用該商品連結 ？

　　好評率是用戶衡量商品品質的參考指標之一，當好評率較低時，抖音商城推薦許可權會有所降低，從而直接影響下單成交率。當好評率低於平台指定標準（60%-90%）時，若需要提前創建新的商品連結，極有可能無法加入櫥窗，此商品連結ID會被強制下架封禁。

1.4.19

櫥窗不顯示是怎麼回事？

　　小店的保證金交了，櫥窗也開通了，但是別人就是看不到我的櫥窗，主要原因是沒有交櫥窗的保證金，一個是小店的保證金，一個是櫥窗的保證金（500元）。在抖音我的頁面點擊商品櫥窗進入，進入後下滑，常用服務中有個作者保證金，在這裡繳納500元的保證金。

1.4.20

因不可抗拒因素導致異常發貨如何提前報備 ？

　　因不可抗拒力（如自然災害、天氣因素、政府重大會議、國家大型活動、重大賽事等）原因導致無法及時發貨或者更新物流資訊的情形，可以通過郵箱：ecservice@bytedance.com向平台報備（註明店鋪基本資訊、異常類型及說明、受影響訂單資料、影響週期、相關舉證材料等），平台評估予以通過的，不計入相關違規處理。

PART **2**

播前策劃

2.1 | 直播推流機制底層邏輯

2.1.1

直播帶貨三大主要流量入口是什麼？

第一入口：自然免費推薦流量（直播推薦流量、直播廣場流量、同城流量、其它流量）

第二入口：付費流量（千川競價廣告、小店隨心推/DOU+、品牌廣告 Toplive）

第三入口：短視頻引流流量（播放量=曝光-導流直播間）

本章節結合以上三大流量入口，接續著會分別剖析直播帶貨中經常遇到的常見流量問題。

2.1.2

什麼是流量層級？

每小時推流計算：

S級：三十萬以上流量/小時，線上一萬以上

A級：十至三十萬流量/小時，線上三千以上

B級：三至十萬流量/小時，線上一千以上

C級：一至二萬流量/小時，線上一百以上

D級：三千至五千流量/小時，線上五十以上

E級：三百至五百流量/小時，線上十以上

F級：零至五十流量/小時，線上個位數

2.1.3

帶貨類直播間如何快速打標籤？

開播系統會推泛流量進來，這些泛流量雖然有一部分是你的精準標籤客戶，但是你拉不住他們停留，促進不了他們互動，更轉化不了幾單，那這個打標籤的過程就比較漫長，因為系統需要一定的資料量才能定義出一個直播間的標籤。為了加速系統的學習過程，縮短直播間打標籤的時間，可以通過以下兩個管道來做：

① **開播時段廣告相似達人：**

通過我們自己人工篩選相似達人，使進入我們直播間的人群符合我們的產品，這樣的人進來之後，由於產品是他喜歡的類型，所以他停留互動轉發的概率就大，系統就能更快的學習到你直播間到底需要什麼樣的標籤人群。很多人以為投了相似達人就能打上標籤，其實不是這樣的，你投了相似達人後，這些用戶進來了，如果你沒辦法讓他停留，讓他互動讓他轉化的話，那其實對打標籤一點幫助都沒有。但是我們之所以投相似達人，是因為相似達人拉進來的用戶，他本身就是你產品的目標客戶，當你的產品能吸引他駐留，轉化的概率會比泛流量來的人大很多，所以才要投放相似達人。

② **發介紹你產品的精準短視頻：**

有廣告預算的，可以給苗頭好的短視頻投DOU+加速；若沒有廣告預算呢，就勤勞一點，多發一點，在創作短視頻上多花點心思，爭取讓短視頻能爆一兩個。只要我們的短視頻資料不錯，能進入稍微大一點的流量池，在開播時就會有很多的人看到我們的短視頻，此時短視頻會幫我們把人群裡面篩選一下，不精準的人，他看到你的短視頻直接就滑走了，只有精準的人在看到你的短視頻之後才會通過短視頻點進直播間裡，但是前提是你的短視頻一定不能脫離你的產品，短視頻的內容一定要和你直播間賣的產品是一致的，至少是同類的，否則一旦你的短視頻吸引進來的人就是錯的，那短視頻在直播間打標籤上也起不到作用。

2.1.4
影響直播間權重的核心因素是什麼？

大家都知道影響直播間權重的核心因素是停留、互動、轉粉率、UV價值等，但是我覺得核心因素是停留，而且是前三秒鐘的停留。你起一個直播間，你別的什麼都不用去考慮，你先解決一個問題：如何讓進來的人在你的直播間停留三秒。你只要解決了這個問題，你的直播間至少成功了90%，因為我們大部分直播間都是死在前三秒的停留上，用戶刷到你直播間不到兩秒時間馬上滑走，這個時候，無論你的話術多麼精彩，無論你直播間給的活動是多麼的給力，都沒半點用，因為用戶根本還沒開始認證認真在講什麼就已經滑走了。所以我堅定的認為，一個直播間首先要解決的核心問題就是如何讓進來的人停留時間超過三秒，這個問題你解決不了，你這個直播間的最終結果只有一個，就是倒閉。

2.1.5
直播間目前考核的6個主資料（僅供參考）

① **轉化率：**
場觀500，轉化3.6%
場觀1500，轉化3.8%
場觀2500，轉化4.2%
場觀5000，轉化5.8%

② **分鐘互動率：15-30%**
流速/每分鐘10人，互動/每分鐘3條
流速/每分鐘30人，互動/每分鐘12條

③ **轉粉率（單指關注）：流量模型精準的情況下：**

場觀500，轉化2%

場觀1500，轉化2.3%

場觀2500，轉化3.5%

場觀5000，轉化5.2%

④ **轉粉率（粉絲燈牌）：流量模型精準的情況下：**

場觀500，轉化1.2%

場觀1500，轉化2.3%

場觀2500，轉化3.2%

場觀5000，轉化4.3%

⑤ **留存率：流量等級在C級以上，42秒合格，1分鐘很不錯，2分鐘良好，3分鐘優秀。**

⑥ **成交粉絲占比：≤15%，既能獲取自然流量，也能做複購資料。小黃車的點擊率也很重要。**

2.1.6

開播的「賽馬機制」！

開播的前半小時，六個五分鐘極為關鍵，流量層級只會上升，但是展現權重每五分鐘改變一次。也就意味著開播的六個五分鐘要著重抓資料去做，一個小時的增長，從3000名到2000名直播間的上升層級，你能超過80%以上的同層級的直播間，便可獲得高曝光，所以一個小時要準備做高資料。

直播間獲取流量的10個小技巧

❶ 開播前2小時發佈引流短視頻。　　❷ 開啟同城定位。

❸ 個人主頁做好直播預告。　　　　❹ 長期穩定高頻開播。

❺ 開播前設置封面和標題。　　　　❻ 開播後分享到粉絲群和粉絲。

❼ 參與直播活動。　　　　　　　　❽ DOU+投放加熱直播間。

❾ 小店隨心推投放。　　　　　　　❿ 千川投放。

2.1.8

直播號起不來怎麼回事？

　　80% 以上的直播間都是卡在起號階段，再怎麼播人氣就是拉不起來，每天虧，然後不斷的去嘗試各種辦法，看到別人用的一些辦法就去學什麼，投千川、高反、AB鏈、走播全試遍了，還是起不來，因為你只看到人家表面的一些東西，人家具備的一些其他條件你不具備，所以同樣的方法，你拿過來就不靈了。我覺得我今天很有必要把原因告訴你們，不想讓你們在錯誤的道路上越走越遠了，可能有的人聽了會很不舒服，但都是大實話：

　　直播帶貨0到1靠主播，1到10靠運營，10到100靠供應鏈，很多號一直播不起來，其實沒別的原因就是主播不行、主播太爛，無法突破0到1的階段，所以我們說大部分正規的普通直播間主播是你必須要突破的一個東西，有一個搞女裝的老闆，他的號本來每天最多能賣2000多塊錢，有一天換了一個新主播，新主播第一天上班就幹了19w的營業額，一分錢廣告沒投，產品、價格都沒變，就是換了個主播，就是這麼神奇。所以說在0到1的階段，主播的作用是至關重要的，好主播她就是能留住人，用戶就是願意聽她指揮，願意去互動，願意去點關注，她就是有這個氣場、有這個影響力，所以直播間的各項權重資料就很容易做起來，差的主播在那邊瞎叫半天沒一個用戶搭理你，差別就是這麼大。

一直在說主播但不代表運營不重要，當直播間做起來了，有穩定的場觀和營業額，每天能盈利了，這個時候如果運營策略有偏差，假如把標籤給搞亂了，營業額就會掉下來，或者運營策略跟不上的話，就會卡在某個營業額，例如一天只能做到3w，再高就上不去了，到了這個階段，就是上面說到的1到10的階段了，怎麼把3w的營業額放大到30w，這個時候就要看運營手法，不僅僅是一個好主播就能完成的事情了。

等你到了30w的營業額，日發3000單以上的時候，這個時候就是考慮供應鏈的時候了，就是我們說的10到100靠供應鏈的階段，日發3000件貨，及時的發出3000件貨，還不能斷色斷碼，不能錯發漏發，這對供應鏈是個很大的考驗，真有很強大的供應鏈才能撐住，否則就會卡在這裡或者直接摔下去。

我們新起號的就先不要去考慮供應鏈，你一天發個幾單幾十單的談不上供應鏈，從0到1的階段，千方百計的先請到一個好主播，再說運營招數也不用去考慮太多啊，一個好主播不需什麼運營，給她一盤差不多的貨，她一天就能賣個一兩萬，不要整天想著去學個什麼絕招就能把你直播間做起來了，你那是再逃避真正的問題，浪費自己的時間和金錢。

2.1.9

直播間自然推薦流量突然為0？

一個正常的直播帳號，即使你播的再差，系統多少也會給你一點自然流量推薦的，哪怕是給你幾個同城，他也是包含在自然流量推薦內的，而自然流量推薦直接為0一般是帳號出問題了，一般是以下幾個原因造成：

① 用電腦直播伴侶直播的可能沒設置好，讓系統誤以為你放的是錄播視

頻，所以給你限流了，這種情況通常換了手機直播之後自然流量就會恢復了。

② 你的帳號被系統識別誤判為行銷號或者矩陣號，系統認為你就是那種無節操蹭平台流量的，那這個時候也會把你的自然流量掐掉，如果你確實有過這樣的行為，那除了換號別無他法，如果你是被誤判的，可以聯繫抖音客服申請解決。

③ 還有就是帳號異常登錄了，例如在異地登錄或者同一個手機頻繁切換帳號，導致系統誤以為你被盜號了，這個時候為了安全，直播間也不給你推自然流量。

④ 帳號的頭像、直播封面、直播標題、直播話題等太暴露或者還有其他敏感內容，這時候系統也不會再給你推自然流量了，解決辦法就是檢查並修改這些內容後再次開播。

⑤ 口碑分特別的低，而且還在持續走低，如果時間久了，系統就會認為你這個直播間是不足以服務好使用者的，自然不會給你自然流量了。這種情況下，看能不能把口碑分拉起來，如果能拉起來的話，流量自然也會恢復，如果訂單基數太大拉不起來，那麼這個帳號的價值就不大了，可以考慮換號了。

⑥ 帳號被限流了，就是你觸犯了抖音的某些規則，說了太多的違禁詞，或者利益誘導，他就給你限流了。但是有時候限流他是不會給你任何系統提示的，就是直接把你的自然流量給停了，這種情況我們遇到的案例通常是3-7天后會自動恢復關注。

2.1.10

什麼是其它流量？

其它流量屬於不精準流量（泛流量）：

① 上一個直播間下播後掉入你直播間的人。

② 直播間分享出去引進來的人。

③ 同一個抖音帳號授權登錄多個平台（今日頭條、抖音火山版、西瓜視頻）引進來的人。

④ 通過傳送門引進來的人。

2.1.11

直播間流速是什麼意思？

概念：每個時間單位內進入直播間有多少人，離開了多少人，流速決定場觀。

如何提升場觀：增加流速，提高直播間流量層級。

增加留存，提高平均停留時長。

優化點：❶ 場景優化──好的場景能大幅度增加進店率。

❷ 話術優化──好的話術能大幅度增加留存率。

❸ 轉化優化──好的資料表現能大幅度增加曝光量。

高客單價起號的流量邏輯是什麼？

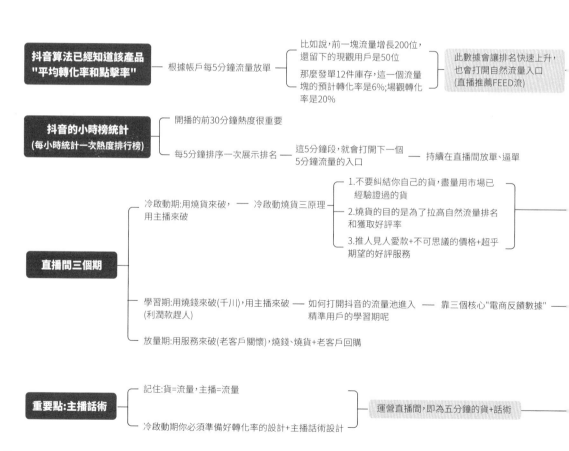

滿足抖音算法的兩件事
- 1.策畫好每5分鐘的直播熱度，提高點擊反饋數據 (靠燒貨+主播話術設計)
- 2.極速發貨，追好評，告訴抖音放量過來，我承接的住

提高你排名的可能性
- 新號開播盡量避開很多高轉化主播的在線時段
- 三步破冷啟動

抖音算法已經知道該產品"平均轉化率和點擊率"
- 根據帳戶每5分鐘流量放單
  - 比如說，前一塊流量增長200位，還留下的現觀用戶是50位
  - 那麼發單12件庫存，這一個流量塊的預計轉化率是6%;場觀轉化率是20%
  - 此數據會讓排名快速上升，也會打開自然流量入口 (直播推薦FEED流)

抖音的小時榜統計 (每小時統計一次熱度排行榜)
- 開播的前30分鐘熱度很重要
- 每5分鐘排序一次展示排名
  - 這5分鐘段，就會打開下一個5分鐘流量的入口
  - 持續在直播間放單、逼單

直播間三個期
- 冷啟動期:用燒貨來破，用主播來破
  - 冷啟動燒貨三原理
    - 1.不要糾結你自己的貨，盡量用市場已經驗證過的貨
    - 2.燒貨的目的是為了拉高自然流量排名和獲取好評率
    - 3.推人見人愛款+不可思議的價格+超乎期望的好評服務
- 學習期:用燒錢來破(千川)，用主播來破(利潤款趕人)
  - 如何打開抖音的流量池進入精準用戶的學習期呢
    - 靠三個核心"電商反饋數據"
- 放量期:用服務來破(老客戶關懷),燒錢、燒貨+老客戶回購

重要點:主播話術
- 記住:貨=流量，主播=流量
- 冷啟動期你必須準備好轉化率的設計+主播話術設計
  - 運營直播間，即為五分鐘的貨+話術

訂單量大型(一天幾千單):可使用CRM系統自動化
- 你可以做到的設計:通過短信關懷，讓對面給好評(使用範例:多益寶)
- 可以到抖店服務市場-> 營銷管理-> 互動營銷訂製-> 多益寶

1.提高互動率、轉化率，憋單+主播

2.要好評 ── 記住，此階段絕對不能刷，會快速破壞自然流量

帳號的口碑分、服務分，好評率都要高於C級別的直播間

打開B級流量池，晉升更高流量戰場 ── 這時候的帳號就進入學習期 ── 抖音在學習期認可了你的發貨能力

學習期目標:能幫助優化轉化率提高UV價值

3.燒貨，帶來真正的自然流量 ── 所以要快速破冷啟動，只要選出3款好貨，燒個七天，基本上帳號的權重就非常高了

記住，憋單的作用是提高用戶停留時間

總結

下一個五分鐘流量塊，可獲得500、1000個新流量，基本每個流量產生的成本不到0.1元

直播間剛開始的前七天，燒貨的性價比是最高的，燒貨的第二個目的，就是為了好評

提高互動率(搶到的、沒搶到的、想要的、不想要的打字回應)

舉例:蟬媽媽/飛瓜任意一款數據App，將相同類型大品項下最近7天銷量破一萬的款，以及佣金超過20%的款篩選出來 ── 最終轉化為人群標籤匹配的爆款商品

1.48小時發貨做到100% ── 極速發貨，外加贈小禮品 ── 燒錢是用不可思議的價格，讓小便宜的觀眾拿到物超所值的好商品

2.好評率，拼了命要 ── 要好評方法

如果燒貨的量不大，建議每一單都打電話過去

用親切又溫馨的語氣:"您好，我是XXX旗艦店的客服，您昨天收到的XX商品，是否偶任何不滿意的地方?如果有，我可以幫您解決哦"

對方用極低的價格買到的，一般不會有什麼問題，您要接一句:"如果沒有問題的話，麻煩您花一分鐘的時間幫我打個五星好評，非常感謝您呢"

3.口碑分，降低退貨率

記住三點

1.不要去管流量，流量來自於轉化跟好評

2.找出3款燒貨款(王炸款)，先不要著急賣自己的正價款，等學習期在開始賣

3.福利-> 逼單-> 放單-> 利潤款-> 福利-> 逼單->放單->利潤款

什麼是冷開機期？

　　一個新帳號前幾天開播時，會發現直播間的流量很少，一場直播的總場觀也就200-500之間，把那個且這些流量品質很差。因為你是一個新直播間，系統不會把優質流量匹配到一個能力未知的直播間。初始只會推送泛流量，泛流量的特徵就是非精準使用者人群，比如剛註冊抖音的用戶，同城、關注、沒有歷史購物記錄或低客單的人群。

　　冷開機期系統正在學習什麼樣的人群在你這裡停留購買，你的帳號對於系統來說是一片空白，它不知道你這個帳號到底要在抖音上幹嘛，所以系統只是不斷的在學習。如果在這個階段你能夠通過系統給你的推流或者你去採買的一些精準流量，這部分流量在你的直播間產生停留、購買成交，那這個時候系統就會給你打上標籤。

DOU+具體有哪些作用？

DOU+是一種加熱工具，也就是說，DOU+只能助推，它的作用如下：
① 前期帳號冷開機打標籤。
② 新帳號利用DOU+引發羊群效應。
③ 當優質作品出現的時候，助推獲得更大的流量。
④ 互動率很好，但是自然流量不再推薦，刺激系統二次推薦。

直播帶貨榜是如何計算？

① 抖音帶貨榜：帶貨榜排名越靠前，流量輔助越大

帶貨榜每小時更新一次，熱度值將作為榜單排序的依據，帶貨口碑低於4.2分無法上榜，不計算熱度。

② 帶貨榜計算方式：熱度值將根據直播間當前小時小店商品的售賣情況、直播間人氣、商品DSR等指標進行綜合計算得出，其中GMV＞件數＞直播間熱度。

 TIPS 帶貨榜流量的加持是基於直播間的一個基礎流量，直播間基礎流量越大，帶貨榜流量加持越大，直播間基礎流量越小，帶貨榜流量輔助越小。

2.1.16

如何卡小時帶貨榜獲取大流量池推薦

玩法方式：卡開播時間憋單打榜玩法。

玩法邏輯：帶貨榜每小時更新一次，熱度值將作為榜單排序的依據，通過做好整點前的資料，強化整點開播前的熱度值，衝上帶貨榜。

具體操作：制定好開播時間，如早上7點的帶貨小時榜，則在6：55左右開播；

直播流程：5分鐘流程策略。

　　① 第1、2分鐘選擇性價比高的品進行憋單，拉停留與線上。

　　② 在第3分鐘發放評論附帶，做好評論與引導粉絲關注。

　　③ 在第4分鐘塑造產品價值。

　　④ 在第5分鐘進行倒計時準備上架連結或開庫存。

　　⑤ 在整點的時刻開始放單。

0
5
3

如何用短視頻突破直播間人數？

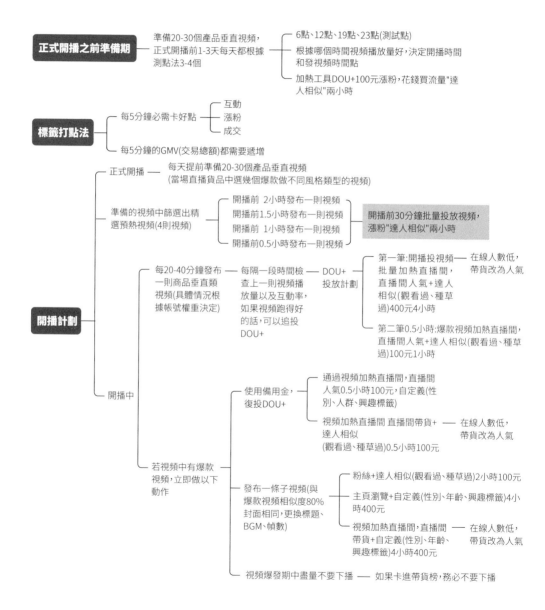

2.1.18

什麼是直播間和短視頻的雙頻共振？

雖然說抖音的短視頻和直播間在很多方面都是獨立的，例如短視頻的人群標籤和直播間的人群標籤是獨立分開的，各有各的標籤，但是短視頻和直播之間還是有很多地方相互影響的。短視頻可以向直播間引流這個大家都知道，但是短視頻的流量進入直播間指揮，在直播間的表現會反過來影響到短視頻，比如說你短視頻向直播間引流了100個人，這100個人進入到直播間之後，假設有5個人購買產品，這個時候你這個短視頻的引流轉化率就有5%，抖音的演算法就會拿你的這個資料和同類直播間的這個資料進行對比，如果你的資料是比較優越的，這個時候你的直播間的這個短視頻轉化資料就會對你的短視頻加權，給你的短視頻推更多的流量，持續曝光給更多的人，同時，更多的人通過短視頻進入到你的直播間，進來後你的直播間繼續熱賣他就繼續給你的短視頻加權，這就是短視頻和直播間雙頻共振的一個基本模型，當然底層的演算法遠遠比這個複雜。不僅僅考核一個轉化率，其他的很多指標也要考量，但是演算法的基本邏輯和剛剛距離的轉化率差不多的，所以為什麼很多聰明的直播間，他短視頻有爆的跡象之後，他就24小時不下播，因為短視頻快爆了，就會往你直播間引流，流量進入你的直播間之後，你就能轉化他，能多賣貨，這個時候直播間就會反向影響到短視頻了，就能把短視頻推的更爆，引來更多的流量，從而讓直播間賣更多的貨。

2.1.19

新號開播，該在什麼時期開始付費投流合適？

第一種情況：新號開播在人貨場綜合能力都比較紮實的前提下，第一場就可以進行大付費流量。

第二種情況：不管新號還是老號，人貨場不具備紮實的承接能力，都不建議付費投流，需要優化好人貨場之後，轉化能力提升穩定再介入付費投流才是比較可取的方式。

2.1.20

付費流量能不能撬動或壓制自然流量？

付費流量推人進直播間節奏很快，它就像極速流量一樣，一下子灌進來，很多直播間承接不夠好。這個時候就會出現你的場觀增加了，但是你的停留、互動、轉化指標相比原有的自然流量更差了，這時候的系統演算法會根據你的直播間資料指標來比較：你和你自己、你和你的同行的直播間，你的指標更差--排名一直下降--直播推薦減少，所以獲取的自然流量自然就更少了。

總結一下：投了付費後，承接不好、資料更差。推薦減少就不會撬動自然流量。反過來的流量承接住了，轉化好了，資料好了，流量就來了，也就是說付費流量完全可以撬動自然流量。重點是，付費流量相當於花錢買平台給你精準的極速流量，但是後續是否推流的判斷依據依舊在你的承接能力上，一旦承接失敗，系統就不會給你推自然流量，在此期間嘗試用付費，讓系統提前給你用於考核的精準極速流量，但每一次嘗試，都相當於每一次考核，考核失敗帶來的懲罰就是掉流量層級，所以很多直播間投著投著發現自己突然沒自然流量了，伴隨這個情況的，往往是投放端的資料也不怎麼好看。

2.1.21

開播流量的推薦有沒有優先順序的邏輯和順序？

一般每個帳號直播間都是有推流邏輯的，從優先順序的順序是先推關注的粉絲（粉絲團）—同城的人—近期在直播間成交過的人—近期進入過關注／觀看直播間的人—和近期成交人群的同類潛在群體。

2.1.22

什麼是直播間調性，以及人貨場匹配度？

直播間調性可以理解為直播間、人、貨三要素匹配結合的某一種風格，比如：如果你今天是賣高客單價名媛風的女裝直播間，首先你的主播要高挑，講解預期節奏要顯品味，要有該有的名媛氣質，同時直播間場景同樣如此，從裝飾擺件、裝修風格選擇都要有名媛元素，燈光色溫、以及直播間背景音樂格調，做到人貨場高度同一，就能統一出直播間調性。

2.1.23

流量一天比一天差的5個核心原因

① 選款沒選好，有的直播間拿的引流款和主推款，先不說價格，單單在款式上就沒有太大的吸引力，也沒有什麼亮眼的賣點，所以用戶不停留不轉化。選款不能憑感覺，要有資料做支撐，憑感覺和個人喜好選出來的款，可能是錯誤的。

② 主播的狀態不夠好，你可以理解為主播的能量不夠，她的畫面和聲音透過螢幕影響不了螢幕前的人，有的主播是因為排練不夠，自身熟練度不高，在鏡頭前還是有點緊張，話術也經常有失誤的地方，這些用戶都能夠感覺得到。還有的主播的語氣，太過僵硬，像是在背台詞，所有的話語都是同一個聲調，沒有重點也就吸引不了人。主播這個事情你們要注意三個方面，一個看是不是訓練的不夠，如果訓練的不夠還有救。第二個看是不是薪資或者提成方案有問題，

導致主播沒激情沒動力。第三個要看這個主播是不是壓根就不適合做主播或者播你這個類目，如果是這種就只能換主播了。

③ 產品的話術寫的太平庸，賣點挖掘也不夠。什麼是好的話術呢？好的話術除了能夠塑造產品的價值感，能夠拉停留拉互動促轉化以外，甚至能設計很多的排比和比喻，還有一些押韻的東西在裡面，讀起來朗朗上口，用戶聽起來就覺得你這個直播間很有趣，比如什麼真金不怕火煉，好貨不怕檢驗、機會不是天天有，該出手時就出手，類似這樣的話術。還有的話術他很能打動人，例如一個賣男裝的，他的話術裡面有一段是這樣的：有沒有出門在外沒在父母身邊的朋友，這件衣服，給你的父親帶一件你送去的不僅僅是一件品牌的衣服，更是一份孝心，一份愛心....。看到了沒有，這些話術都是精心準備的，話說你們捫心自問，你們自己的運營有沒有用心來一句一句斟酌自己的話術呢？有的人跟我說他不會寫，直接去好的直播間把他們的話術扒下來就行了，三四個直播間的精華話術，一合成一改進，直接變成你自己直播間的超級話術。

④ 下播後沒有進行錄屏複盤，不知道哪裡播的好，哪裡播的不好，因此也不知道下一場該如何改進。無論場觀是大還是小，一場直播下來，再少也有百來號人進入直播間，而且這些人都是真實的人，他們的走或留、買或者不買肯定都是有原因的，後台曲線圖一打開，為什麼這一刻突然人掉了？為什麼那一刻突然成交了很多訂單？把錄屏調出來，找出對應的時間點，看下在那一刻主播說了什麼或者是換了什麼款，來分析原因，這樣堅持每次複盤就能不斷地找出可以再改進的問題。問題都改掉了，直播間的流量問題自然也不是問題了。

⑤ 沒有發短視頻或者短視頻的品質太差，導致直播的時候沒有視頻流量推薦，有的類目真的特別適合發短視頻，短視頻這方面不用心，不花點力氣真的是太浪費了。例如有一個做字畫的帳號，他們的直

播間就很容易拍出那種爆款短視頻，就是大肆潑墨寫字、畫畫的那種視頻很容易爆，直播時短視頻會向直播間輸送很多精準用戶。

2.1.24

為什麼明明把流量拉的很高，但用戶轉化率很低？

大多數做活動引流的帳號，由於一味關注流量的拉升，缺乏對轉化、UV價值的關注，結果導致流量極速下跌，流量拉的很高只是代表直播權重比較高，但並不代表直播間標籤精準。標籤的精準性需要使用者大量行為來打標，用戶的互動行為只可能為直播間奠定基礎標籤、興趣標籤的人群，但是電商標籤則需要大量的交易行為去沉澱，即停留獲取的是泛流量，成交才會有精準流量。

2.1.25

直播新手期最重要的是做什麼？

有一個直播間是賣那種外貿尾貨服裝，品質優良，主播能力也強，號一起就爆，起號的第二天線上人數就達到了一萬多，可是播了十天之後，線上人數就只剩下了60多了，再也拉不上去了，原因就是她沒有做好新手期應該做的事情。直播間在起號新手期最應該做的事情就是打標籤，一個新直播間開播，無論你是什麼起號方式，系統都是會給你推極速流量來測試你的，一般至少也會推個200-500的流量進來，直播間稍微憋一下的話，流量會更大，但是這些流量都屬於泛流量，系統要根據哪一類人在你直播間停留、給你互動、給你點關注、給你加粉絲團、給你點小黃車、給你下單。通過不斷學習這一類人的共同特徵，最終會給你直播間打上一個屬於你的正確標籤，有了標籤以後系統再給你推流就會精準很多，流量精準後其實主播的感受是最深的，別看線上只有二三十個人，但是他們會停留下來聽你講，會給你互動，會問你關於產品的各種問題，二三十人的線上，一天成交二三十萬的案例也很正常，這就是標籤的力量。我們很多直播間在起號的時候，低價福利款拼命的發，福袋拼命發，用低價成功的把原本不屬於你產品的目標客戶給轉化，用福袋成功把原本不該停留的人給停留，不該關注的人加了粉絲團，這樣雖然短期能維持住一個高線上，但是直播間打不上正確的標籤，只能打上低價標籤，除非你價格一直降，價格一直放維持住你的轉化率和GMV，否則你的流量層級肯定會往下掉，系統給你的推流也會跟著下降，你的人數也無法維持住高線上了。其實打標籤不難，但是一定要是正確的人，而不是靠你低價佔便宜和發福袋刺激來的人，在新手期直播進來200個人，很快有190個都走了，就剩下五六個，其實也不用傷心，這都很正常，留下的這些人才是你正確需要的人，努力服務好留下來的這幾個，甚至是一對一點名的服務他們，務必把他們搞定，讓他們加粉讓他們下單。就好比你現在是一個街邊實體店賣衣服的老闆，每個月單單租金就2萬塊，但是已經有七八天沒有一個人跨進你的店鋪了，你的心裡焦急萬分，突然有一天有一個人進店了，而且你一打量，他就是你衣服的正確標籤人群，此時你肯定會用盡渾身解數要讓他買一件，七八天沒開張了，沖著彩頭也要走一單的。做直播其實和開實體店道理是一樣的，而且比實體店好做多了。實體店一小時要來100個人太難了，可能一天都來不了100個人，但是直播間1小時做到100的精準流量還是很容易的。人進來了，你有沒有拿出100分的熱情、100分的專業、100分的努力，有沒有像這個實體店老闆一樣對賣出一件衣服那麼的渴望。我想如果我們都拿出這種勁頭，每天轉化十單正常的人，十天轉化100單，把標籤打好，這應該不難吧。

2.1.26

低價秒殺品會對直播間的標籤造成多大的影響？

這裡面涉及到的是營業額的占比和訂單量的占比，其實沒有絕對數據證明低價產品會讓使用者或者直播間的看播用戶無標籤。一塊錢的洗臉巾就是絕對低價，會讓整個直播間人群完全散掉。但是它畢竟是日化類目的垂類商品，還是有一定標籤效果的。

這個問題就是在於低價會不會打亂本身極度精準的標籤，那你知道你的標籤程度是多少嗎，有人講標籤分等級，這都是一個定性的認知。我們看不到自己的標籤等級，所以這些不要苛求百分比，低價產品是為了做流量池，低價產品三天連續每天都上，是為了把直播間自然流量做起來。

有一種常見的場景，就是直播間沒有自然流量，猛上低價格，甚至打開傳送門，就為了把一個直播間的自然流量打出來，打出來之後未來幾天都有自然流量。在這種情況下，其實低價品為我們貢獻了一個打開自然流量池的方式；而第二個場景裡，是直播間需要破流量層級時，發現轉化率始終上不了合格線，而其他資料都遠遠高於行業均值，這時候很多運營就會選擇上低價品補轉化率，犧牲UV值，達到所有資料突破合格線的目的，但要把握好幅度，如果轉化率依舊沒到合格線，UV還被低價品拖累得不合格了，那就得不償失了，所以低價在不同時間段上的時候，充當的目的和作用都是不一樣的。

2.1.27

你的直播間是如何被打上羊毛黨標籤的？

把直播間的標籤做精準是非常重要的一件事，我們一個直播間，它其實是由多個維度標籤的，例如：一個賣高端輕奢女裝的直播間，他的標籤其實在價格上是高價、性別上是女性、風格上是輕奢等等，還有其他各個維度的標籤，因為高價格產品只有真正喜歡他的人才願意付錢和買單，所以就把不喜歡他的不屬於他產品標籤的人群給刪掉了，那現在我們假設這個衣服價格足夠的低，一件很高級的羊絨大衣，你一元去賣，這個時候由於價格足夠的便宜，走過路過的男女老少，無論喜不喜歡、需不需要，都有很大的概率由於價格的刺激而買走一件，那這樣的話，買這件衣服的人的標籤就特別的廣泛了，太廣泛了其實就相當於沒有標籤了，所以你想想你的東西特別低價，事實上就把原來不是你的客戶變成了你的客戶，什麼亂七八糟標籤的用戶都在你的直播間停留互動下單，這樣系統如何給你的直播間定義標籤呢？除了根據你的售價給你定一個低價的標籤之外，你的性別、風格、材質等其他方方面面，都沒辦法給你定義，因為你直播間的人太雜了過於廣泛，從這些人身上除了能找到愛買低價，沒有其他共同的特點了，找不到就沒辦法給你的直播間定義標籤，直播間除了一個低價的標籤，什麼標籤都打不上，你說你這個直播間還怎麼生存，所以很多靠低價起號的直播間，他的生存週期都很短，一般一兩個月之後就跑不動了，因此建議大家慎用低價，用低價去拉人氣無可厚非，但是你的目的一定不是去成交，低價人氣拉起來之後，一定要轉款賣高價的，低價儘量少成交。

2.1.28

被打上低價羊毛黨標籤後怎麼拉高標籤？

　　首先高價賣不動的原因是前期把直播間的標籤搞壞了，系統都是給你推低消費習慣的用戶，所以價格稍高就超出他們的消費範圍了，就沒有人會下單，解決這個問題我們一般有兩個思路：

　　第一，想辦法讓低消費的人群買你的高客單價品，例如原來我是9.9客單價賣太多了，那現在差不多我的客單價標籤就是9.9，那現在我還是用9.9憋著，把人氣拉起來，拉起來之後你就去轉款稍微高價一點的東西，跳躍不要太大一點一點往上拉，先跳到19.9最高29.9不能再高了，這些愛買9.9的不是說他們買不起29.9，而是你需要把你的29.9塑造的讓他們感覺占到了很大的便宜，比9.9還要超值，他們才會動心，才會去消費。例如你9.9賣的0.5升洗衣液，現在我賣29.9的2升洗衣液，還再送你0.5升的試用裝，3倍的價格，5倍的量，把帳給他們算明白，這些那些喜歡貪便宜的就會有一部分的來買你的29.9，因為這個便宜占得大啊。還有一個辦法就是你用9.9把人氣拉起來之後轉29.9，這個時候你的29.9的產品要比9.9的價值感高一點，同時你告訴他們今天做福利，這個更好的品也按照9.9給你們，但我們是品牌，品牌方有控價，9.9比出廠價低太多了，我們賣9.9，品牌方會處罰我們的，所以你們先29.9拍回去，收到貨後聯繫我們的客服直接給你退20，相當於你們還是9.9買的，用這兩種思路都可以把你現有的低消客戶促進他們成交高價一點的，這樣就把直播間的平均單價和UV價值拉起來了，一段時間後，系統就會把直播間的價格標籤往上抬了。

第二，換一批用戶也就是放棄現有的低價羊毛黨，通過投廣告的方式，無論是小店隨心推還是千川，重新去篩選高價位的消費群體，把這些高消費的人拉到直播間後努力去轉化他們，轉化的多了，你直播間的總體客單價和UV價值就慢慢升起來了，直播間的價格標籤也就逐步的拉高了，這兩個辦法都是切實可行的，我們自己實驗真正成功過的。

2.1.29

直播間用戶停留時間短的原因及解決辦法

第一、直播間人群標籤還不是精準標籤，不精準的流量就比較泛，自然流裡面大部分的人都不是你的目標客戶，他進入你的直播間一看不感興趣就出去了，所以標籤越廣泛，平均停留時間這個資料就會被拉的越低，這個可以通過短視頻以及投相似達人廣告的形式快速給我們直播間打上精準的人群標籤，直播間人群標籤精準後，進來的人裡面精準流量就比較多，你賣的產品就是他們感興趣的，那願意停留的人自然而然就多了。

第二、直播間的畫面不吸引人，說通俗一點就是直播間太普通了，無論是呈現的場景還是場景前的那個主播，亦或是主播介紹的產品都沒有任何的特點，沒特點就是吸引不了觀眾，所以他一下子就滑走了，這種直播間是特別危險的直播間，倒閉的直播間裡面這種類型的直播間占比最大的。這個大家要開動腦筋，多想一點招數，但這種招數不能是怪招和歪招，是能夠讓銷售產品加分的妙招。我們之前有一個賣珍珠項鍊的案例，他本來是裝修了一個櫃檯，在櫃檯裡面播他的項鍊，他的資料羅盤顯示的停留時間基本都在30多秒，最高也沒超過50秒，後來她搬了一種磨珍珠的機器到直播間裡面，就在機器旁邊播，這個機器一方面讓這個直播間有了一點特殊性，很多人都沒見過這是什麼機器。刷到了之後會停下來看一看，另一方面又顯示出了她的珍珠是真貨，你看我邊磨邊賣的，這個機器上來了之後，停留就沒低過一分鐘的，而且轉化率也跟著上來了，整個帳號就起來了。

第三、主播的話術不懂得拉停留，當用戶度過了前三秒的停留，後面留下來的除了搶福袋的，其餘的都是對你的產品感興趣的，但是後面的停留到底能停留多久，就和主播的話術關係很大了，其實話術厲害的話，也能拉長用戶停留的。例如把產品的價值塑造的很高的時候，用戶都在等著你開單，這個時候突然有一個黑粉說了一句不好聽的話，此時你去懟這幾個黑粉花個四五秒的時間，用戶是不會走的，都在這看著呢，這次就把停留多拉了四五秒鐘，但是你得懟的有技巧，你懟黑粉的理由、懟黑粉的話語不僅要能打壓這個黑粉，而且要在打壓的同時再一次彰顯和突出自己產品優勢以及對產品的自信，懟完之後助理馬上把黑粉拉黑掉，不能再給他反擊的機會。一些大直播間，甚至會有自己人偶爾充當黑粉故意給主播懟，懟的目的是為了引出主播更真實的展示產品優點，打消使用者在某方面的顧慮。再比如說有人互動我身高156能不能穿，這個時候主播如果平庸的話，一般就是用一秒的時間回復她156的去拍S碼，但是厲害的主播，她會用6秒鐘的時間回復到6句話：能穿的，主播身高就是158的啊，155去拍S碼，下方小黃車一號連結，你點進去就能看到碼數，按對應碼數拍，都是標準碼的，如果買回去不合適，我們有七天無理由退貨，有運費險0購物風險，我們這一款高個子矮個子都能穿的。看到沒有，這就是一個高情商的主播，而不是簡單機械式的回答問題，你問一句，我回復六句，這不僅讓用戶感受到了重視，而且在回答他的問題的同時，也回答了其他人的問題，同時還把我家衣服的一些賣點服務又給大家講了一遍，這個長的回復不但沒讓用戶反感，還能拉用戶的停留時長。這裡我只是隨便舉了兩個例子，還有很多很多這樣的話術都可以來幫助我們拉用戶的停留時間，我們要動腦子花心思去想。所以為什麼一直強調要把話術寫出來文檔化，你話術文檔化了以後，你才可以盯著它不斷去想，看哪裡能加點東西，哪裡能夠刪減東西，哪裡能再優化一點東西。

第四、還有一個很重要的工序，就是在適當的時候發福袋，這個適當指的是你預估什麼時間段直播間的人會走，我們模擬一個場景，當一個優質主播憋完單正在開庫存逼單的時候，已經拍了的用戶是不是就失去了停留在這裡的目的？在主播集中精力逼單，沒辦法顧及已拍用戶的時候，想留住這部分使用者，福袋就是一個很好的工具。

2.1.30

直播到底要不要拉時長，什麼時候才能拉時長？

拉時長是需要前提條件，第一是線上人數要保持均衡穩定以及主播精力充沛，但是大多數情況下免費流量的線上人數都會隨著時間的拉長而變少，這種情況下一定不要去拉時長，因為平台會對每場直播計算出一個平均數據，資料越差，下一場的流量就會有所下降，而付費流量就不同，付費直播間可以通過正常付費採買流量，維持線上人數保持穩定，但同時也需要具備較強的人貨場，這樣去拉時長才可以達到比較理想的效果。

2.1.31

老粉成交占比過高怎麼解決？

很多直播間基本上每場老粉的成交占比能夠高達70%-80%，除了這個數值高以外，流量占比中關注流量的占比也會比較高，就是很多流量都是老粉絲從關注入口進來的，伴隨這兩個資料的另一個致命問題就是場觀一場比一場低，銷售額也越來越低，先分析原因，再說解決辦法。

原因：

出現這個情況一般就是這個號播了有一段時間了，也有一定的粉絲基礎了，通常至少也有個10萬+的粉絲了，產品也不錯，性價比高。要麼就是快消品，買過的人還有需求再買。要麼就是經常上新款，老粉喜歡你的風格，信任你的品質，經常過來看你有沒有上新，發現新款就買了。這本質上是一件好事，做過淘系的人都懂，做淘系增加老顧客，它的複購率是運營手法的一個很重要的東西，那為何到了抖音上老粉的複購越多，場觀和銷售額反而會慢慢的變少呢？在這裡我們要先捋清楚邏輯，場觀越來越差，並不是因為老粉占比過高，而是這些老帳號一直按自己以前的玩法去做，再加上有老粉複購撐著銷售額，沒有去更新自己的話術，沒有持續的去優化自己的人貨場問題，導致了直播間對新流量的承接出了問題，新人轉化做的不夠，系統給推的自然流量就越來越低，這樣從資料層面觀測，老粉的占比就越來越高了。

這樣的資料系統給的自然流量肯定會越來越低，也就是說自然流量下降的原因，並不是因為老粉占比高引起的，這個資料表現是新粉流量承接能力差的結果，不是誘因，千萬不要為了降低老粉成交占比而去忽視老粉的感受，比如長時間不上新、福利只給新人，這會讓你的業績進一步下滑。

解決方式：

結合自己的團隊、自己的貨品、主播風格，分析資料一點一滴的去對自己的人貨場細節、話術細節，這樣慢慢調整，使你對新流量的承接能力和轉化能力提升，這樣慢慢把你直播間的權重給提上來，資料就會越來越好了。當然，前提是你得會看資料，後台那麼多資料都要去分析的，不能只看表面資料，通過大量的底層資料分析，找到現在核心要解決的問題，然後針對性地去解決。總結出一句話：遇到老粉占比過高的，你要把自己的直播間當成一個新直播間那樣去看資料，去優化各項指標，服務好新人，在直播的時候不要被老粉絲帶節奏，儘量去做好新流量的承接和轉化，當你把新流量的轉化一點一點做上去了，老粉的成交占比自然就下來了。

2.1.32

抖店流量越來越低的原因？

① DSR評分

商品品質、物流服務、商家服務三大板塊綜合評分下滑且低至4.4分及以下。

結果：不給推薦，自然流量無法進入、千川投流限制。

② 發貨滯緩

發不出貨不發貨，預售未能按時發貨，1號店2號店交互操作發貨。

結果：停止自然流、停止商業流量、嚴重者直接封號。

③ 違規過多

直播間存在疑似詐騙/廣告極限詞/誘導等連續3次及以上。

結果：購物車功能關閉、櫥窗功能關閉、自然/商業流量截停、帳號關小黑屋（24H-永久）。

④ **產品長時間不更新**

同一個店鋪超過兩個月長時間不進行產品更新（秒殺品/爆款/新款/活動玩法/行銷策略)就會失）同類競爭力。

結果：老粉失去購買力不再複購，會導致自然流量占比降低、粉絲流失提升。

⑤ **直播間無任何節奏、流程、章法**

流量進來後直播間沒有任何轉化，導致流量流失（直播間流程/活動的更新/產品賣點提煉不夠嚴謹/直播間配合度不高）

結果：系統不再進行二次推薦並且會等量定位帳號流量級別。

⑥ **過了流量扶持期依舊沒有提升**

每個帳號在開播後的前兩周會得到相應的流量推薦，用來激發一些優秀的直播間快速成長。

結果：平台會減少流量傾斜，轉而慢慢給到其他新號，拉長商家冷開機期。

2.2 | 極速流量承接的方法

2.2.1

極速流量的推流原理

抖音直播對流量的承接分為轉化、轉粉、互動、停留這四個指標。

一般穩定的直播間，每次開播都會有一大波極速流量，而在一場直播的中後期，由於前面的資料做的比較好，也會突然推一波極速流量進來，如果你能接住，下一波他還會給你推流，如果你連續幾次都接不住極速流量，那麼接下去一定是會減少給你極速流量推流的峰值，甚至不給你推極速流量了，尤其是新號。現在的抖音已經沒有耐心給你那麼多天的時間來測試你，開播前兩天給你一點極速流量，如果你承接的太差，第三天開始他就不給你推，那麼我們該如何承接極速流量呢？

首先我們做帶貨最好的流量承接方式就是轉化，當流量來的時候我們一定要馬上切換到我們最好的款，最好的款就是最吸引人、最具性價比、最容易賣出去的款，用這種高性價比的款來把流量給他轉化一部分，轉化的越多系統就會認為給他推的流量你接住的多，下次就會加大給你推流。

如果你的商品性價比不夠，實在做不出轉化，那也沒事。你要是有辦法能讓新進來的人給你加關注，給你加粉絲團這樣也可以，只要把這兩個資料做的足夠多，雖然沒有轉化購買，但是你轉化了粉絲資料，系統會認為給你推薦的人，他們願意關注你，說明你的直播間還是有一定的吸引力的，它還是會給你推流。

如果加粉的資料你也做不起來，那你至少要能帶動用戶給你互動，如果你把互動率給做上去，超越同類的其他直播間，這說明你的直播間有熱度吸引用戶互動，下次還是會給你推流。

如果你互動也拉不起來，那你至少要能吸引用戶在你的直播間停留，當有大量的用戶在你直播間做了比較長時間的停留，系統會認為你的直播間有特色，能幫平台留人，能幫平台消化用戶的時間，它依舊會給你推流，我們經常看到一些新奇特的直播間，你看它的轉化其實沒做多少，但是為何每次開播極速流量都很大，就是因為它的停留和互動這兩個資料做的非常好。

如果轉化、關注、互動、停留都做不起來怎麼去承接極速流量呢？那其實這個時候你要考慮的不是承接極速流量的事情了，而是你的貨品和你的團隊當前狀況下適不適合繼續經營直播的問題了，如果你沒有學習和優化，不提升整體的直播技能，盲目的做下去，大概率是要虧錢的，直播帶貨不存在神話，凡是能做出成績的，一定是存在某方面的優勢的，如果你方方面面都很平庸，很難做起來。

2.2.2

什麼是直播間流量預分配機制？

每場直播的自然流量轉化效率會影響下場直播的自然流量預分配值，因此要做好每場直播的資料，包括GPM、停留時長、互動和轉粉率等。

2.2.3

如何判斷直播間是否有承接能力？

① 直播間是否吸引人？主播是否有引導力、產品講解力、情緒鼓動力、留人能力？

維度	指標	要點
流量	觀看 UV、PV	直播間流量情況
	CTR	直播間場景吸引力
	ACU	直播間流量與直播間整體留人能力
	PCU	
	觀看 > 1min 率	
內容	評論率	主播引導性與內容討論性
	人均觀看時長	直播間內容（話術 / 產品）吸引力
	分享率	主播話術的引導以及使用者對產品的認可度
	關注率	
	不喜歡率	直播整體內容滿意度
轉化	商品曝光率	場控配合力
	購物車點擊率	使用者對產品的意向需求及主播的話術引導
	商品點擊率	
	商品支付率 D-O 率	詳情頁設計與主播刺激消費能力
	轉化率	主播整體帶活力與產品的流量變現力
	GMV	
	直播間 GPM	

直觀呈現：進場人數與線上觀看人數波動曲線

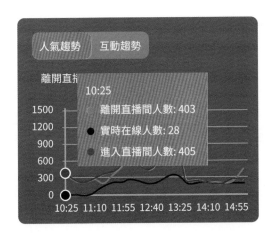

②你的主推品選對了嗎？用戶真的感興趣嗎？

維度	指標	要點
貨品	GPM	商品的流量變現力
	商品點擊率	主播引導與 SKU 畫面呈現
	商品 D-O 率	主播促單力與商品的實際需求度，商品價格接受度
	單品講解時長	配合上述資料，發現貨品選擇問題

推品選擇：重點關注貨品GPM

GPM=GMV*100/pv=商品點擊率*商品D-O率*客單價*1000

客單價差異小時，單品GPM越高，意味著商品點擊率、點擊支付轉化率越高，用戶對貨品的興趣成都、需求度比較高，對GMV貢獻潛力越大，把高 GMV作為主推品，有利於拉升整體GMV。

引流品選擇：重點關注商品D-O率、點擊率。

如果低客單價，商品D-O率點擊率人處於較低水準，意味著用戶其實對該商品的興趣程度低，並不能通過低價吸引拉高整體轉化率。

③ 你的直播間做好大流量承接的準備了嗎？

拉取多場直播間GPM與觀看PV的資料進行比對。

2.2.4

如何提升直播間的流量承接能力？

① 直播間場景

視覺層面	提升直播間場景佈置、主播裝束的美觀度 場景佈置簡介明簡潔明瞭協調、人像清晰美觀 提升直播間場景與品牌調性、目標受眾喜好的契合度
聽覺層面	提升主播聲音、調整語速、語調等，直播間背景音樂

信息層面	提高主播口播提供的動態資訊價值 主播話術的吸引力 提高直播間背景、道具、貼片等提供據靜態資訊價值 資訊展現清晰、有重點、排列有序
服務層面	視覺＋聽覺＋資訊層面綜合帶來的對直播間的服務評價 直播間能帶來從諮詢—購買—售後的美好購物體驗

②短視頻方向

維度	要點	核心
產品選擇	視頻創作的第一步	以往銷售爆品：從用戶實際需求出發 低價福利品：降低消費門檻 新奇體驗品：具有新功能／創新包裝，吸引用戶好奇心
產品方向	讓使用者意識到產品購買的必要性	❶ 種草型：從產品賣點出發，為什麼要買？ 產品功效／產品亮點／信任背書，增強產品對使用者的吸引力 ❷行銷型：從價格優惠出發，為什麼要現在買？ 需告訴用戶具體優惠力度是什麼？性價比有多高？ ❸情感型：從情感層面出發，為什麼要在這裡買？ 展現直播間／品牌的人設、初衷，贏得用戶好感
視頻與直播間的匹配	所見即所得	提高種草—拔草的效率 盡可能讓更多的使用者在短視頻所被種草的產品與直播間正在講解的內容匹配

③主播層面

主播的引導力

1、引導互動：是否給到點贊的指引、是否給到評論的方向、是否給到
　　　　　　關注和分享的理由。

2、購買互動：是否講清楚產品的必須性；是必需到刺激消費的理由
　　　　　　（價格優勢、贈品福利）。

主播的感染力

1、消費感染力：產品介紹多樣化、逼單方式多樣化。

2、情緒感染力：站在用戶角度，引發用戶共鳴；增強用戶對品牌、直
播間好感（理性+感性）。

④貨品層面

選品	根據單品 GPM 優化主推品的選擇 （綜合對比多場直播間 GPM 表現，優化主播推品選擇）
	根據商品點擊率、D-O 率、GPM 挖掘潛力單品 （諸部份商品雖沒部分點講解，但整體看起來商品點擊率、D-O 率、GPM 資料表現不錯，具有爆品潛力，可列為主推品參考）
	主推品 + 潛力單品組合成新的 SKU （若 SKU 品類較少，新品開發週期長時，可將主推品與潛力單品祝賀搭配形成新的 SKU，豐富用戶購買選擇，滿足多種需求的同時，提高客單價）
排品	根據商品 GPM，調整小黃車排序 （把單品 GPM 越高的排序靠前，前置會帶來更多的曝光和點擊，利於提升單品對 GMV 的貢獻）
	依據商品點擊率，優化 SKU 視覺呈現 （當商品點擊轉化率較高，單商品點擊率較低時，需要優化 SKU 的圖片資訊與名稱資訊，提高 SKU 展現時的吸引力）
講品	根據商品點擊率、D-O 率、GPM 調整產品講解時長 （根據使用者對產品的興趣程度，以及為它買單的比率，調整產品講解時長，提高從講解至下單轉化效率）
	根據與商品相關彈幕，調整講解內容 根據使用者彈幕，連結使用者對產品的需求點與疑惑點，更有針對性的講解產品

2.2.5

如何有效承接極速流量和大流量？

在直播的時候，很多主播會遇到一個情況，就是當大流量進來的時候，我們留不住人或者做不出轉化，導致這些流量白白的浪費掉白白地浪費點講解一下這個問題的解決辦法，大流量有的時候是系統給我們這場直播配的極速流量，有的時候是我們中間播著播著前面的資料做的好，系統突然就給你推了大量的人進來，例如你原本線上人數只有30多個，突然一兩分鐘內讓你的人數達到了70多個人，這個時候我們的主播要有一定的流量感知力，如果主播經驗不足，上播的時候大腦空白無法思考，估計不到線上人數的變化，大流量進來的時候，我們一定要拿出我們最具有吸引力的爆款和福利款來做流量承接，即使你現在剛好過到了你的普通款，一旦發現大流量進來，這個時候要兩三句話把你正在講解的普通款快速的給他過掉，遞給他上你家最具有優勢的爆款或者福利款，而且你在講解爆款和福利款的時候，一些無關緊要的話就不要說了，這些其實都是廢話，沒多大用，別人聽了也不會覺得怎麼樣，你要做的是直奔主題："來，主播手上拿著的這款小香風的包包，真皮材質，純銅卡扣，這一般在商場是爆款專櫃價699的，今天在我直播間一杯奶茶的錢給大家炸一錢福利"，然後快速的塑造價值感，反復的重複你核心的賣點和價格福利，把現有的人給他吸住，同時，在講解賣點的間隙快速的要一些互動和關注，通過做這些資料指標，吸引更多的人進直播間，你感覺你把價值感塑造的夠了，人數也差不多了，就快速的把這個福利款給放掉，做一些轉化，刺激系統在你後面的直播中繼續給你推流，再放單之前做好鋪墊去轉你的第二個爆款。很多直播間都是沒有做好這一點把流量給浪費掉了，系統給你推流，你接不住，一次這樣，兩次這樣，第三次的時候，系統要麼不給你推流了，要麼推流的峰值會下降很多，所以一定要養成錄屏和複盤的好習慣，通過複盤，我們就會發現大流量來的時候，到底哪裡沒做好，這樣在下一場直播的時候就能去改進。

2.2.6

開播沒有極速流量要不要斷播重開？

如果是新號的話，你關了重新開大概率還是沒有流量的，新號它來極速流量的時間是不確定的，有時候可能在前20分鐘就來了，有時候可能會等半個小時，甚至有時候等一個小時、兩個小時才來極速流量，所以新號開播沒有基礎流量先不要急，接著再播一會看看。但是老號就不一樣了，老號如果你每天開播，前半小時都會來一波極速流量，大概是在前15分鐘的時候都會來極速流量，但是今天突然就沒來了，這個時候你關播十分鐘，重開有可能就會再給你來極速流量了。

2.2.7

憋單的正確玩法？

到目前為止，憋單仍然是最快速、最節約成本、且最有效的起號方式，憋單不是洪水猛獸，理解了憋單的原理，掌握了憋單的技巧，也沒那麼容易把標籤搞成羊毛黨，因此，我們一些線上低的小直播間，你其他辦法已經都試了都搞不起來，憋單成功了還有一線希望，憋單可以分為三步。

第一步：把人氣憋高

第二步：放憋單款

第三步：轉承接款這三步都做成功，這個憋單才算一次成功的憋單。

要想把人氣憋高，首先你選擇憋單款就要正確，有的人一上來就選了一個錯的憋單款，那樣很難把人氣憋起來，例如有的人是賣化妝品的，拿一個化妝品的小樣9.9來憋，這種東西就不能把人氣憋得比較高，因為這種化妝小樣他的價值感不高，也許成本很貴，但是大部分消費者不知道，他不確定他的價值，消費者可能就覺得這個東西就是十塊錢左右的價格，這個時候你9.9的價格就沒有太大的吸引力，憋單不是說一定要價格很低，而是要在大家日常的認知範圍內一看就知道這個價格能買到這個東西就是賺到，只要他感覺超值，高價也能把人憋起來，我先舉個極端的例，蘋果13的手機，市場價5000左右，你拿2999的價格去憋，隨隨便便就可以憋到上萬人的線上，因為用戶在意不是價高價低，而是是否占到了大便宜，再比如說我們一些賣高羊絨大衣的他69去憋單，把人數拉的很高，因為這種大衣女生一看就知道至少也是兩三百的貨，69就是搶到就是賺到的價格。

太冷門的東西不適合拿來做憋單，例如有個賣五金工具的直播間，他那種手電鑽的鑽頭來憋單，這個憋的效果就不好，因為這個東西很多人都用不上，他就不想在這裡等你，拿個老虎鉗和螺絲刀基本上人人家裡都用得到，有搶的欲望，憋單品選對了，憋單價訂好了，你把人氣拉高，就已經成功了80%了，這個時候主播要把憋單的話術練好，憋單品的賣點話術、價值塑造話術、場景帶入話術以及拉互動話術、拉關注、拉粉絲團的話術，這些統統都要設計好，如果你直播間的權重低的話，自然流量會很少，直播間的基礎人數也很少，這個時候你還需要投一些小店隨心推的廣告，投兩三百的直播間進入再投兩三百的直播間互動，讓直播間能有點基礎的線上人數以及一部分願意留言互動的人，其實我們直播間每分鐘都有流量進入的，我們平常線上低的主要原因是因為進來的人又走掉了，沒留住。憋單他就是用這個超值的、人人都想要的憋單品把人吸引住，讓進來的人不走，就像一個蓄水池一樣進水多出水少，水池就慢慢蓄起來了，而引導用戶留言以及關注加粉絲團，這些動作是讓系統捕捉到我們這個直播間有熱度，觸發系統推更多的流量進入直播間，進來的人繼續留言，系統就再推更多的人，就是通過這樣反復的過程在幾分鐘的時間內把線上拉到一定的高度。

　　把線上人數拉高，同時又有很多人留言互動，營造了這個直播間很火熱的感覺，人的情緒是很容易受別人影響的，當互動的人多，很多人都在留想要，這個時候一個路過你直播間的人，他可能本來就沒那麼想要，但是被其他人帶動了，就會覺得你這個東西真好，價格真給力，他就也想要了，也跟著去留言了，假設這種熱烈的氛圍能持續下去，在我們放了憋單福利款之後講解承接款時，仍有很多人這麼熱烈，那這個時候你的這個承接款就很容易賣出去，而且這種熱度不停的話，系統往你直播間的推流就不會停，那線上人數就不會掉的太快。所以我們憋單轉款的核心邏輯是如何讓這些人繼續留在你直播間並且處於一個高度亢奮的狀態，持續和你互動留言，因為互動熱度一旦退潮，系統給你直播間推人就會減少，你的線上就會往下掉。另外看播用戶不興奮，你高價款就很難轉化，就好比我們去逛超市，如果一個賣紙巾的攤子去了好多人，大家都在瘋搶，你從旁邊路過看到了，大概率會不管三七二十一，先衝上去搶一個再說，這個時間你根本沒時間去思考這個東西到底好不好，價格到底給不給力，先搶了再說，轉承接款之後也是這樣，熱度退了，你的成交就很難轉出去了，為了讓熱度不退，首先你憋單款再憋的時候一定要把人氣憋得很高，因為憋單放單之後線上肯定會掉一部分，這個是難免的，如果你只憋到了80個人，憋單款放掉之後可能就掉到20人了，這個時候的熱度時不足以讓你轉化承接款的，假設你能憋到2000人，憋單款放了後，即使人掉了一部分，至少也還有五六百人，此時如果你的轉化資料比較好，讓這留下的五六百人以及此刻每分鐘新進場的100個新人誤以為你又要再放一個福利款，他們就不走，而且繼續給你留言互動，有人這個基礎人數的互動，系統還會繼續推新人進來，這樣可以讓線上人數不會降太多。另外這個承接款你不能講太久，最多三分鐘就一定要開價放掉了，雖然開價後的價格比剛剛那憋單款高一些，但是一方面你這個承接款看起來會明顯比剛剛那憋單款的價值高；第二，價格雖高，但是不是高出太多，第三，此時直播間其實有很多人是這兩三分鐘新進來的人，他們不知道前面發生了什麼，他們進來的時候只看到前面的人很多，在扣搶到了沒搶到，就感覺這裡肯定在做什麼很優的搶購活動，這個時候你開價後，他們中的一部分，就有很大可能回去購買，所以轉款要能成功，至少有三個條件：

一、要把線上人數憋到一定的高度

二、承接款和憋單款的差價不能太大，我個人覺得控制在40以內比較好，最大也不能超過60

三、主播對承接款的價值塑造以及引導用戶公屏的熱度不能減退，這三個條件有一個沒做好，你的承接款就很難轉款成功。

憋單款放單後不要磨唧，不用去逼單促轉化了，本來就是超低價的，不怕他們不買，放單之後馬上要鋪墊並進入到承接款的介紹了，第二個實在轉承接款的二十號，一定一定不要以任何形式把你這個承接款最終要放的價格透露給用戶，一旦透露了，他們肯定就走了，像變魔術一樣，這個謎底不到最後一刻不能揭曉。這裡面很多人都會犯一個錯誤，很有必要提示一下：來，這個衣服今天不要399不要299，也不要199連99都不要，想要的扣三遍想要，等下主播就給你們炸福利。這個說法很不可取，雖然你沒有明說價格，但是你給消費者的感覺就是這個東西的最終價格就是八九十塊錢，一旦超過他們的心理預期他們就走掉了。在我們即將放憋單款的時候我們其實可以用福袋配合一下，福袋裡放一句評論：搶到了主播太給力啦，等下一個福利。放這樣一句話，等我們憋單款一開，馬上引導用戶去搶福袋，這個時候有人領福袋，公屏上就會有人留言：搶到了主播，太給力了。等下一個福利，而那些搶了福袋的人，有的會等著福袋開獎也不會那麼快走，這樣也可以防止線上人數快速的往下掉，其他新進來的人看到這樣的評論內容，也會繼續在這裡等著搶下一個福利款。另一個問題就是低價的憋單款放多少單的問題，原則上是在不在系統判斷你利益誘導的情況下，價低的肯定是放單越少越好，因為越少你虧的錢越少，而且低價單成交的少，直播間的標籤也不容易變羊毛黨。任何東西都是有兩面性的，如果我們開播這個第一波的憋單的成交做的太少的話，就會影響我們本場直播的後續推流，所以你有能力轉出去承接款的話，憋單款是可以適當多放出去一些，把轉化給做足，只要後面承接款也能多賣一些，把本場直播的平均UV價值給拉起來，也不會給你打上羊毛黨的標籤，如果憋單款放出去太少，一方面影響推流，另一方面沒搶到的人太多，直播間裡罵你的人太多，也會影響到你後續轉承接款，所以憋單這個東西要考研的點還是很多的，方方面面都要注意，一個點沒注意到可能這場憋單就會失敗，線上憋不起來是失敗，只能把線上憋高，承接款轉不動也是失敗，所以你要想玩憋單，一定要真正理解他們的原理，理解原理了，你就知道你的話術要怎麼寫了，你轉款要怎麼安排了，然後反復去排練，自己先錄播，然後去觀看自己的錄播視頻，你覺得如果你是一個觀眾，這樣的憋單表演能不能把你吸住不走，有沒有可能去買你的承接款？如果覺得沒問題，再上播去實戰，如果沒準備好直接上去，可能一下子就失敗了，會打擊你的信心，你可能就不敢再去嘗試憋單了。

2.2.8

新直播間適合用福袋留人嗎？

當我們的新號處於冷開機期的時候，這個時候就上福袋，留下來的都是一些福袋粉和機器人，他們不會聽你講解產品，更不會去購買你的產品，他們的目的只有一個：就是搶完福袋走人，由於我們新號的人群標籤還沒有建立起來，這個時候來了這麼多亂七八糟的福袋粉，直接把我們直播間的人群標籤打亂了，不利於系統進一步向我們直播間推送精準的免費流量，當我的話術沒有打磨好，我的直播能力、直播技巧沒有達到一定水準的時候，這個時候馬上上福袋是弊大於利的；當我們直播間的直播能力上升到一定高度的時候，我們穩定線上人數達到100多人的時候，這個時候再來上福袋，我們利用福袋裡的評論功能來刷一刷直播間的評論，增加直播間的氣氛，這樣是可以的，但是新號最好不要馬上上福袋，它只是起到一個錦上添花的作用，如果你想利用一個福袋把一個平常的直播間拉起來，那是不可能的。

2.2.9

低客單起號如何過濾羊毛黨？

低客單起號目前依舊是最高效起號的方法之一，要搞清楚抖音的推流邏輯，低客單不一定是低消費群體，高客單也不一定是高消費群體。舉個例子，蘋果13手機直播間賣1000塊錢，買到的人你說他是羊毛黨還是高消費群體呢？那低價起號，我們要怎麼才能避免那些羊毛黨。

第一、我們選擇產品的時候一定不能虧太多錢，如果你用十塊錢給別人秒一件羽絨服或者秒一件羊毛大衣，那不用想，來的一定是羊毛黨，福利款我們可以用一看就知道價值50到60的產品在直播間賣9.9或者19.9，不要用太低的價格。

第二、主播要用好的話術來塑造產品的價值感，讓粉絲始終認同我們的設計和產品的質感來購買我們的產品，例如一件連衣裙39.9，不算很便宜，但是我們可以強調它的重工的剪裁都是手工縫製的，連扣子的設計都非常的別緻，讓他是認可我們的調性、認可我們的品質，才去拍我們的產品，這樣通過主播對產品的講解和塑造，讓粉絲認可你的產品的質感和價值才去下單。

第三、直播間的調性，不要一直送福利送福利，搞得跟大賣場一樣，要搞出我們自家的調性，給今天做的福利一個理由，不喜歡我們家風格品質的不要去拍，只有喜歡我們家風格認可我們品質的人才去拍，這樣可能幫我們篩選出真正適合我們你風格的用戶，以後直播間推流也會更加的精準。

如果這波轉化不好，馬上銜接福利品補充轉化率獲得系統推流有意義嗎？

　　按照這個描述來說是有意義的，如果想要執行起來，放單後有用戶買，就取決於話術。大家賣低客單商品的時候，要降維打擊，以高打低，核心點就是能不能讓別人覺得1.9你是真的虧大了，從而讓他們買。舉個例子，我們在賣產品的時候，比如說一個東西很貴69，今天給大家發60塊錢的券，憑什麼發60塊錢的券，就需要有合理的理由。

　　比如說今天集團有活動，我們69的面霜，今天給各位一個60元的優惠券，但是需要各位私信給我們發個問卷調查，因為這是我們集團需要做的市場調研，所以寶寶們，今天大家趕上的是我們的上新日，同時我們會選出是個幸運的朋友，我們有60元的優惠券，希望抽到這個券的同學們買我們的東西能夠給我們一些回饋。這其實是給了活動一個理由。這種理由就會讓用戶覺得這個下單她真的是搶到的，賺到了，而很多時候無理由的直接發券會讓別人覺得這個東西就值一塊錢，所以為什麼好多主播願意天天過生日，其實就是找理由，能降價。

高客單價直播間轉化率低怎麼辦？

　　第一、高客單價的直播間，他的流量結構和低客單價的其實是不一樣的，我們從轉粉率就可以分析出來，全網直播間的平均轉粉率在1%左右，但是高客單價的直播間一般只能做到0.3%-0.5%。想做到1%是非常難的，這說明在全網的粉絲裡面，能夠消費高客單價的人占少數。所以高客單價的直播間，不要太刻意去追求直播間推薦流量，因為直播廣場推薦來的流量都是泛粉，這些泛粉中大部分都是沒有高消費能力，能消費高客單價的人占少數。我們分析了很多高客單價賣貨賣的好的直播間，發現大部分的成交流量來自短視頻還有帳號的粉絲，真正從直播推薦進來的流量成交較少，能夠從他種草的短視頻點進他直播間的人，說明是對他這個產品有極大的興趣，是有很大的概率能夠消費它這個價位的群體，所以轉化率比較高。

第二、粉絲既然關注了他，說明粉絲對他的產品是感興趣的，同時又能夠接受這個價位，所以看了他的短視頻或者直播才會去關注。所以高客單價的直播間，他的大部分成交源於短視頻，流量來源於他的粉絲流量，這個時候就要把高客單價產品的價值感塑造起來，例如你這個產品賣200塊錢，一定要把這個200塊產品的價值至少塑造到500塊錢，這個時候這個人才會願意為了這兩百塊錢買單。

第三、你可以試著投一投千川，專門去投千川通過精準定位，通過消費能力定位，進來的千川流量雖然花了一些流量費，但是轉化還是可以的。

2.2.12

如何避免 "誘騙秒殺" ？

直播間如何避免誘騙秒殺被降權或者停播？

誘騙秒殺：是指宣傳 "低價秒殺"、 "免費送" 等福利資訊誘騙使用者參與 "秒殺" 互動，實際未兌現或者無法兌現的推廣行為。

具體表現：

1、未在承諾時間點上架秒殺產品或者口播時的秒殺價格與實際秒殺價格不一致。

2、宣傳的秒殺產品沒有進行上架銷售。

3、承諾進入直播間的使用者人手一份、全部免費、不限量免費等；誘導用戶持續刷 "新來的" 卻未兌現。

解決方式：

1、因誘騙秒殺被停播後，間隔30分鐘後再開播，違規三次則第二天再開播。

2、不說過於承諾的話，如人手一份、全部免費、新來的等話術。

3、兌現承諾，按照承諾的價格與時間進行上架秒殺產品。

2.3 | 直播大屏資料基礎認知

2.3.1

即時大屏中的流量來源怎麼看？

如果是玩免費自然流量的直播間，也就是一場直播的付費金額在1000以內的，直播推薦占比要做到80%以上才算合格，如果做不到，那這個直播間一定不是良性的，要去找影響自然推薦的那些權重指標是否都做到位了（DSR評分/交易資料/互動資料），如果是以付費流量為主的直播間，那自然流量占比至少要到50%以上才算健康，如果自然流量被壓制在50%以下，這個直播間也是不健康的，說明對付費的依賴太重了，因為自然流量沒有你的付費流量精準，你的直播技能只能轉化付費流量，免費的流量轉化不了，這樣持續下去免費流量的占比會越來越低，要趕緊來優化你的人貨場，優化排品和話術來承接和轉化更多的自然流量。

● 付費流量	**41.67%**
千川PC版	41.67%
DOU+廣告	0.00%
其他競價廣告	0.00%
千川品牌廣告	0.00%
品牌廣告-toplive	0.00%
品牌廣告-其他	0.00%
小店隨心推	0.00%
● 其他	**27.12%**
● 直播自然推薦流量	19.86%
自然推薦-推薦feed	19.42%
自然推薦-其他	0.32%
自然推薦	0.10%
自然推薦-同城feed	0.02%
● 關注tab	**7.42%**
● 搜索	**1.88%**
● 短視頻引流	**1.06%**
● 抖音商城	**0.69%**
● 個人主頁	**0.30%**

即時大屏中的流量曲線怎麼分析？

流量曲線主要是看開播的線上峰值能達到多少，和之前比是進步了還是倒退了，開播峰值的高度和持續時間對本場的場觀影響很大，如果線上峰值比昨天低，就要去分析掉下來的原因（影響線上峰值的因素有上一場直播的資料、前3-7場的直播資料和開播前半小時的資料，峰值決定流量層級，如果你的峰值在100多人，掉下來之後會一直維持在十幾人線上，如果你的峰值能拉到2000多人，掉下來也會維持在100多人線上）。根據原因制定好第二天拉峰值的策略，流量曲線還要看看有沒有第二波、第三波推流，如果只有一波推流，說明成交密度是不夠的，下一場要優化排品順序，還有過款時間來增加成交密度。同時要結合流量曲線和成交曲線看直播錄頻，當發現流量出現大的下降的時候，要找對應時間點的直播視頻，看是因為話術上的問題還是換了產品導致的流量出現波動，那以後這裡就規避了。成交曲線去看成交密度特別小的時候，對著錄頻看這個產品的轉化做不動的原因，還是因為講解時間拖太久的原因，第二天都要根據這個原因做出相應的改變。

2.3.3

五分鐘資料是指自然時間五分鐘還是開播開始的五分鐘？

第一個是關於五分鐘迴圈檢測的事，其實五分鐘迴圈資料考核我們是這樣理解的：開播的前30分鐘裡面，每個五分鐘都非常重要，不能說你整場直播三個小時的每個五分鐘都重要。我們在兩個重要的時間節點，很重視這個五分鐘的迴圈。第一個就是開播前半小時，每隔5分鐘為一個迴圈，我們分成了六個。

第二個就是每個整點，比如說9點左右的五分鐘，分為8：55-9：00和9：00-9：05。那麼這幾個時段的五分鐘我們認為是最重要的。倒沒有必要說整個直播兩三個小時，每個五分鐘都卡的特別死，這個是沒有必要的。

2.3.4

千次成交金額對直播間的流量影響大嗎？

千次觀看成交金額衡量的是在某個賽道裡面該直播間的轉化能力，比如說我們不能拿高端美妝和零食做比較，因為客單價不一樣，零食是比不上高端美妝客單價的，我們應該去按本行業的平均值來進行比較，有人告訴你一個標準的千次觀看成交金額的時候，這個人多數就是忽悠，不同行業的金額不一樣，只有你低於你行業的平均值才會有影響。

2.3.5

LTV是什麼？對直播間重要嗎？

LTV是指用戶的終身價值，對於某些類目，LTV是非常重要的，就是我們所說的長效轉化，千川後台、DOU+還有其他平台裡都能看到長效是多少。對於一些高客單類目，我們則是要關注LTV，因為第一次投放的使用者可能不會直接購買產品，但投放的使用者可能後續信任我們了就會進行購買，這是長效轉化的資料指標的回饋，所以不能機械地理解千次觀看成交起不來就沒戲。第二個LTV對於高客單小眾類目，性價比有優勢的產品，更要關注長效的轉化。

2.3.6

直播間GMV忽高忽低怎麼辦？

很多直播間經常會出現GMV忽高忽低的情況，今天賣5萬，以為就要起飛了，明天開播賣了1萬，這種情況基本都是流量管道太單一造成的，尤其是依靠免費的直播推薦流量。上條知識點說了，免費流量是有波動的，比如說趕上某個節日，平台就會把流量推送相關話題的視頻上，這個時候直播間的人就可能會很少，所以只靠直播廣場推薦流量的直播間銷售額波動是非常大的，而且做不了幾個月就結束了。這種直播間有很多，本質原因就是流量管道太單一，沒有把所有流量入口打開（你不會還不知道流量入口有哪些吧）要想穩住直播間流量和銷售額，必須有多管道的流量入口才行，這樣你的總體流量才是平穩的，流量平穩，銷售額才能平穩。

今天重點講兩大流量入口，一個是短視頻，短視頻的流量是比較精準的，通過短視頻進到我們直播間的人往往是對我們產品有極大興趣的，轉化率都是比較高的，所以短視頻流量我們一定要重視起來，其實拍攝短視頻並不難，大家可以到巨量創意上看自己行業的優秀短視頻創意進行學習，只要拍上一個月，慢慢打磨，慢慢進步，一天進步一點，一個月之後，你直播間的短視頻流量一定相當可觀了。

第二個是付費流量，付費流量其實是掌握在我們自己手中的，當其他流量不好的時候，付費流量可以多投一點，這樣流量是穩定的，銷售額也是穩定的，單單依靠免費流量的直播間，流量好的時候銷售額很高，流量差的時候連人員工資都付不起。做直播要的是穩定，流量差的時候我付費，大不了稍微多投一些，等流量好了我再把付費減下來，而且付費讓你玩一段時間後，他進來的流量是很精準的，轉化率也是很高的。另外，付費流量比免費流量是有價值的，你在平台上花了多少錢？你拿多少付費流量？這些都是平台向你推薦免費流量的一個依據之一，所以大家玩好短視頻流量，玩好付費流量，這個時候即使免費流量波動很大，我們依然可以保持整體流量穩定。

2.3.7

直播間留人的核心三要素

❶ 主播的穿版特別好看
❷ 主播的直播狀態吸引人
❸ 直播間的場景吸引人

2.4 | 直播間標準化執行流程

2.4.1

如何快速找到自己的對標帳號 ？

　　在凌晨的3-5點打開直播廣場，搜索你想要做的類目，找到直播間線上200-300的直播間，截圖下來，用協力廠商資料平台去查看他們的資訊，找到直播推薦入口較大，本場開播次數不超過2-4次的，抄他們的話術、腳本，然後超越他們。

2.4.2

直播運營標準流程

直播前：確認產品、價格、分類確定直播流程和策略，確定活動產品和互動話術、檢查直播間畫面、佈置、燈光、準備水軍彈幕等。

直播中：配合助播講解產品、運營補充氛圍和賣點、場控營造搶購氛圍、庫存和倒計時提示、商品報價和改價（庫存）、引導觀眾互動協助過款等。

直播後：直播間關鍵資料記錄、直播各個產品銷售資料記錄、線上趨勢圖資料統計、對比以往資料總結複盤、提出問題與優化方案。

直播間標準化執行流程

直播前檢查					
序號	檢查項目	序號	具體事項	預估完成時間	負責
1	時間提示	1	開播前倒計時 30 分鐘、5 分鐘、1 分鐘、5 秒鐘	1 分鐘	全員
2	後台登陸	1	直播後台登陸	1 分鐘	中控
		2	巨量百應達人工作台登錄	1 分鐘	中控
		3	庫存 ERP 系統登錄（非必需）	1 分鐘	中控
		4	產品麥（應對直播間產品出現的各種問題）	1 分鐘	中控
3	設備檢查	1	燈（直播等、背景燈）的位置、高度、方向是否正確？亮度是否合適？	1 分鐘	中控
		2	攝像頭畫面傳輸是否流暢？機位是否正確？畫面是否清晰？是否歪斜？	1 分鐘	中控
		3	檢查直播推流電腦網路連結是否正確？	1 分鐘	中控
		4	返送手機網路是否正常？手機是否連接電源？	1 分鐘	主播
4	設備、攝像頭參數	1	是否豎屏推流？鏡頭是否正常？	3 分鐘	中控
		2	比例：畫面點擊 - 變換 - 等比例縮放		中控
		3	選擇格式：YUY2 1920*1080 30FPS		中控
		4	調整畫質：數值調整保證質感高級、畫面無色差		中控
		5	直播設置：解析度 1280*720 視頻碼率 4000 幀率 30		中控
		6	高級設置：視頻編碼 265(硬編) 編碼檔位元：高 色彩空間：601 色彩範圍：局部		中控
5	商品檢查	1	檢查商品狀態是否可展示？（例如衣服是否有褶皺、包是否乾淨、鍋具是否清潔、桌面是否整潔）	1 分鐘	主播

		2	檢查商品狀態是否可展示（例如衣服是否有褶皺）	3分鐘	主播
		3	每款產品講解需要的搭配或者道具是否齊全？（如搭配外套的打底，鍋具煎蛋是否煎好？）	3分鐘	主播
6	人員到位	1	主播服裝或者化妝是否滿足直播（衣服、收拾、水杯等畫面露出的無品牌以外的 LOGO？）吃喝拉撒等生理問題是否解決？	3分鐘	主播
		2	中控是否可以開工？吃喝拉撒等生理問題是否解決？	3分鐘	中控
7	後台設置	1	直播封面設置	1分鐘	中控
		2	直播標題設置：標題文案編寫，搜索符合本場直播主題的文案。注意確保無違禁詞，避免過度行銷。	5分鐘以上	中控主播
		3	直播話題設置：搜索符合電商和產品熱點話題	1分鐘	中控
		4	商品是否上架好？品序是否正確？直播參與人員是否清楚品序？	5分鐘以上	中控主播
		5	副標題是否賣點清晰？是否違規？	1分鐘	中控
		6	遮罩詞設置（思考品牌或主播是否有哪些可能造成負面影響的因素和關鍵字）	1分鐘	中控主播
8	問題預案	1	直播運營、中控、主播是否敲定當日直播爆品和預爆品？	3分鐘	中控主播
		2	各品的產品資訊、規格、優惠活動是否清楚？	3分鐘	中控主播
		3	快遞物流、發貨時間、退換貨細則等是否對答如流？	3分鐘	中控主播
		4	上輪複盤問題回顧	5分鐘以上	中控主播
9	私域	1	粉絲群通知開播，告知當天福利、活動	3分鐘	中控

直播中檢查					
序號	檢查項目	序號	具體內容	預估完成時間	負責
1	節奏	1	直播中活動倒計時提醒整點抽免單，需要在整點前每隔 5-10 分鐘提醒	5 分鐘	中控主播
		2	中控留意公屏，結合訂單資料，輔助主播把控節奏，以插話或者評論區回復的方式補充遺漏互動	隨時	中控
		3	同步講解小視窗，同步庫存，提醒連結序號	隨時	中控
		4	各時段換場交接時，主播結交樣品，中控交接資料	5 分鐘	中控主播

直播後檢查					
序號	檢查項目	序號	內 容	完成時間	負責
1	專案執行複盤表	1	xx 資料、xxx 資料、xx 資料更新	下播及時更新	中控
		2	問題記錄、分析、解決方案	下播及時更新	中控
2	專案資料月度一覽表	1	更新	下播及時更新	中控
3	違規	1	違規申訴	下播及時更新	中控
4	樣品	1	直播樣品整理、物歸原位	下播及時更新	中控
5	電氣設備	1	下播後關燈、空調、門窗	下播及時更新	中控

直播間執行流程			
	序號	內容	是否完成
主 播 模 組	1	主播、主播應注重儀表，帶妝上播，不得素顏、油膩	
	2	主播、主播服裝和造型應乾淨、整潔，符合品牌調性，不得過於隨意和休閒。	
	3	直播中注意走光，避免違規；避免穿低胸，深 V、透視及裸露紋身。	
	4	主播工作時嚴格按照標準化直播腳本進行	
	5	主播至少提前 1 小時備場，備場工作詳見（直播標準化執行流程）	
	6	主播上一場複盤問題在下一場直播時必須整改到位	
	7	主播上播不能情緒化，時刻保持積極狀態面對粉絲	
	8	當日直播主推產品及活動需要重點引導	
	9	主播應聚焦產品，避免被粉絲帶節奏	
	10	主播講解福利款的時間不能過長，嚴格按照腳本規定時間執行	
	11	主播的促銷資訊宣傳必須準確	
	12	主播和粉絲互動時要有親和力	
	13	主播避免被粉絲評論牽著走，破壞自己講品節奏	
	14	主播應態度友善，不得和粉絲吵架抬槓	
	15	主播避免直播中途離場，如需離場，離開時中控頂場節奏需和主播保持一致	
	16	敏感詞注意用拼音代替，別用 AABB 疊詞，例如 "美美白白"，應該用美什麼白或者拼音等	
	17	主播話術不得違規，詳見（直播間違禁詞）	
	18	倒計時環節主播注意語氣狀態，保持亢奮急迫	
	19	各時段主播，中控交接時要交接明確資料、樣品	
	20	主播換場交接時需為下位主播進行話術引導	
	21	直播結束時主播要預告下場直播時間，內容要點	
	22	主播不得延遲上播，提前下播	
	23	主播有義務在非工作時段保護嗓子，避免影響下場上播狀態	

直播間模組	1	開播前中控檢查網路、電力、設備、樣品及小店連結，詳見《直播間標準化執行流程》	
	2	開播前主播、中控溝通好交流手語，準備好各種顏色帶字提示牌，提供資訊傳遞效率，實現快速資訊拉通	
	3	開播前中控需將燈位設置正確，參數設置提前調好，保持氛圍合適，背景和主題層次分明	
	4	開播前調整好機位，保持主播整體構圖好看，確定產品展示距離鏡頭位置，溝通主播卡好點	
	5	開播前中控需設置好帳號開播的正確時間、直播封面、直播話題，詳見《直播標準化執行流程》	
	6	開播前中控需參考對標直播間設置好 banner 圖、貼圖、並注意放置位置，不得遮擋主播、商品	
	7	中控應注意檢查購物車商品描述促銷資訊是否正確，不能誤導粉絲	
	8	主播注意時注意保持產品展示排列造型，保持產品展示好看	
	9	主播講解產品時中控及時更換講解彈窗、貼圖、保持同步進行	
	10	主播和中控注意發放優惠券節奏，利用大額優惠券引導粉絲停留，等待 0 庫存商品上架，提升停留時長	
	11	倒計時環節，中控、主播注意保持積極、亢奮狀態喊話	
	12	倒計時環節，中控報庫存時，注意按線上人數 20% 報商品剩餘量	
	13	更換主播時，中控應及時根據上場主播調整機位、濾鏡參數	
	14	中控要負責操作氣氛組進行正向引導，合理烘托	
	15	直播間不得超過五秒沒有聲音，主播、中控及時活躍氣氛、講解產品、和觀眾互動	
	16	直播運營要根據直播腳本流程盯全場直播節奏，保持整場直播按照流程正常進行	
	17	直播運營需及時注意短視頻資料、成交資料、投放資料、支付資訊、互動彈幕等維度即時變化，及時調整產品、節奏、互動等策略	
	18	直播運營要根據主播狀態做好直播間排期，保持主播以最佳狀態上播	

	1	對每款產品的賣點、痛點以及用戶人群有嚴謹的總結分析
	2	每款產品都有標準的講解話術，主播應嚴格按照規範講解產品
	3	對全盤商品要定義福利款 A、爆款 B、利潤款 CDE、王炸款 F
	4	福利款的選擇標準：(1) 性價比超高，直播價格遠低於市場認知價值；(2) 泛品，受眾人群廣認知價值
	5	爆款的選擇標準：(1) 最暢銷款 (2) 受眾面廣 (3) 庫存充足
	6	利潤款的選擇標準（可多選）：(1) 能和爆款形成互補的商品 (2) 經典款 (3) 具有品牌調性的款 (4) 特色款 (5) 可能成為爆款的款 (6) 客單價中高的商品
貨品模組	7	王炸款的選擇標準：知名度高、大家都想要、供不應求
	8	商品講解順序遵循 A+B+C/D/E+F 公式，其中爆款 B 的講解時長要占總直播時長的 40%，爭取該品的 GMV 占整場總 GMV 的 50% 以上，且 A 款講解時長不宜過長，單次上架要盡量限量。
	9	直播貨盤的產品系列和價格段要完整、合理
	10	監測各平台、各直播間同款產品的直播價、避免價格不一致的情況
	11	新品更新頻率要和其他直播間或者平台保持同步
	12	定期更換展示樣品，保證樣品常播常新，做好樣品的日常維護
	13	保證每款產品上播之前的資質、商標、質檢報告等相關資料齊全、避免被系統抽檢違規
	14	抖店後台常備爆款產品的連結，以防止不可控掉連結的情況
	15	及時關注商品連結的負面評價，及時處理或者更改連結
	16	每場上播前的產品價格資訊應仔細核對品牌方的產品資訊表，避免與官方指導價格等資訊不一致
	17	確定每款產品在講解時間內的展示方式以及相關道具

2.4.4

日不落直播間如何拉時長？

　　直播的時長不能盲目的去拉，最為謹慎的方式就是用自己已經驗證過的爆款+標準的節奏+新人優惠券去拉，如果沒有新人優惠券就會造成老粉成交占比過高，老粉成交對我們的直播間拉時長這個時間段的新流量是沒有太大幫助的，拉時長的目的是為了獲取更大的流量，我們需要一個很快能夠迴圈的方式來有序的操作，如果你播3個小時流量都沒有，拉到6個小時，9個小時流量依然不會有。

2.5 | 直播腳本的作用與分類

2.5.1

什麼是腳本？

可以理解為"劇本"或者流程圖，規範了每場直播的不同時段的產品講解時長，各個崗位的話術、指令等資訊。

2.5.2

腳本的作用

梳理直播流程：做直播最忌諱的就是開播前才考慮直播的內容和活動，特別是有的店鋪直播，直接拿店鋪的活動就直接扔給主播。此外主播在之前如果沒有事先預習當天的直播內容和產品，那這個直播最終呈現出來的就是不停的尬播，尬聊。所以，做腳本首先能解決的就是梳理直播流程，讓直播的內容有條不紊。

管理主播話術：有了腳本就可以非常方便的為主播每一分鐘的動作行為做出知道，讓主播清楚的知道在某個時間該做什麼，還有什麼沒做，此外可以借助主播傳達出更多的內容。

便於總結：總結就是複盤，是每個主播下播後要面對的一個重要的工作，而這個工作則需要後台管理人員不斷地總結資料，這涉及達到團隊的配合。

2.5.3

腳本都包括什麼？

整場腳本：直播的主題、直播的日期、直播的時長、直播的目標、崗位的分工、直播的內容（直播的前中後期做什麼動作、直播的前中後期動作的目的、直播的前中後期動作的福利、直播的前中後期動作的話術）。

單品腳本：各個福利款、秒殺款、爆款、正價款等講解內容、一個單款的腳本就是一個單款的話術、多個單款的腳本組合在一起就是整場的腳本。

2.5.4

為什麼要提前寫直播腳本？

1、 新手主播常見的問題

對於多數新手主播來說，在初次接觸直播帶貨時，經常會出現以下問題：

① 要麼對著鏡頭無話可說，要麼語無倫次，邏輯混亂

② 不知道該從哪個方面開始講解，不知道講什麼

③ 講解產品時反反覆覆只有幾句話，讓人覺得無趣

④ 被粉絲的提問牽制，把直播賣貨變成了粉絲答疑

⑤ 不知道如何調動粉絲的購買積極性，產品賣不動

之所以會出現以上問題，是因為沒有做好直播規劃。歸根結底，主播是一名內容生產者，只有主播生產的內容有用、有趣、才能激發觀眾的興趣乃至購買欲望，從而將關注轉化為粉絲，再將粉絲轉化為鐵粉，並完成帶貨的任務。而想達到好的直播效果，就需要進行系統的直播腳本設計，即在1-4小時的直播過程中，每個時間點都安排什麼內容，按照

什麼邏輯講解產品，直播流程怎樣推進等。直播腳本看起來複雜，但其中也有規律可循。這一節詳細講解直播腳本的作用以及兩種常見的直播腳本類型。

2、 直播腳本的五大核心價值

① 確保效益最大

很多新手主播在直播時經常會出現產品講解和上架時間混亂、產品介紹過長或過短、節奏中斷、尷場等問題，導致用戶體驗感比較差，影響直播的轉化率。而直播腳本就像電影的大綱一樣，可以讓我們更好地把控直播的節奏，流程規範，達到預期的目的，讓直播效益達到最大化。

② 指導主播講解

直播開場時怎麼說，引導關注時怎麼說，怎樣介紹產品，怎麼調動購買欲望，促單時怎麼說，活動環節怎麼說，這些話術需要提前在直播腳本中進行設計。這樣主播就可以清楚自己在每個時間段的帶貨內容和參考話術，避免主播因為忘詞，不懂產品所導致的只能按照產品包裝去介紹產品的尷尬。

③ 方便團隊執行

依據直播腳本，每個人清楚自己的職責是什麼，保證每個環節不會出錯，大大提高團隊的溝通效率。

④ 控制直播預算

很多中小商家可能預算有限，而直播腳本可以提前設計好能承受的優惠券面額或秒殺活動、抽獎活動、免單活動、贈品支出等，可以更好地控制直播預算。

⑤ 利於複盤優化

不管是任何工作，複盤都是非常重要的內容，直播也不例外。每場直播後，我們都要從粉絲、直播看客的角度去複盤上一場的直播。而直播腳本便於對每一個流程的細節進行總結分析，從而對直播流程進行反覆運算優化，以便更好地提升下一次直播的效果。

2.5.5
寫直播腳本有什麼要點？

1、一週一腳本：建議以一個星期為單位做直播腳本，這樣的節奏對工作能做出比較好的時間切割，減少運營策劃的工作量，提高直播的工作銜接，同時也方便階段性總結。

2、週期性遊戲：電商直播和泛娛樂最大的區別就是電商直播不能過度展示個人才藝，比如唱歌，跳舞。那怎麼才算遊戲呢？每週二的9.9秒殺，每個週五六的新品五折，一週一次的拍賣，如何讓消費者記住你，無疑比讓他認同你的產品更容易一些。

3、產品要點：對於產品的要點提煉應該是整理成冊，而且可以不斷補充的，這樣便於主播快速瞭解產品，這個需要團隊協作，主播最好也能參與。

2.5.6
直播帶貨必須掌握的兩種腳本類型和範本

一般情況下，一位優秀的賣貨主播都會準備兩個直播腳本：單場直播腳本和單品解說腳本。

1、單場直播腳本

單場直播腳本就是以整場直播為單位，以規範整場直播的節奏流程和內容。簡單來說，單場直播腳本包含直播時間、直播地點、直播主題、產品數量、直播主播、直播時長、直播流程以及人員分工等幾個要素。其中一場直播成功的關鍵是直播流程。直播流程包含六大要素：

① **暖場和預熱**：和直播間的粉絲開玩笑，介紹自己，歡迎粉絲的到來，簡潔說明今日直播的主題等，也可以先抽獎，提升直播間的熱度。

② **直播利益點介紹**：介紹本場直播的特色和利益點，常見的方法是本次直播的重磅福利，比如抽獎，抽紅包，抽免單等，目的是調動粉絲的熱情吸引他繼續留在直播間。

③ **引導關注直播間**：引導陌生用戶關注直播間，完成帳號的漲粉任務。

④ **產品介紹**：在產品介紹時，重點突出產品的性能優勢、各個優勢以及限時福利活動，促使用戶馬上下單。

⑤ **福利活動**：規劃福利發放節點，參與規則等，調動使用者積極性。

⑥ **結束收場**：在直播收尾環節，迅速把整場產品再講解一遍，並催促粉絲完成直播付款。感謝粉絲，訴說心聲，打感情牌，從而增強粉絲粘性。

2、單品解說腳本

　　單品解說腳本就是以單個產品為單位，用來規範產品的解說邏輯、賣點解說順序、具體解說話術以及產品的展示方式等。因為一場直播一般會持續2-6個小時，大多數主播都會推薦多款品，每一款產品都需要製作一份簡單的單品解說腳本，將產品的賣點和優惠活動標注清楚，可以避免主播在介紹產品時手忙腳亂，混淆不清。

2.6 | 直播規則的熟悉與利用

2.6.1

直播間突然斷播，直播審核不通過是什麼原因？

直播推薦突然斷流，有可能是被投訴，但是前端不顯示任何違規資訊，下次可以第一時間找抖音小二查詢，小二可以在後台查到。被投訴之後，一般會有一個時間段被關小黑屋，推薦流量會很低，也有可能需要你重新再去拉流量。

2.6.2

頻繁更換開播時間對流量有影響嗎？

有影響，雖然你隨時開播隨時有推流，但是流量是分優質和垃圾的，如果你是剛剛開播，你可以根據多時間段開播，來找到綜合資料比較好的時間段，尋找好時間段就不要頻繁更換開播時間了，給你舉個簡單的例子，你的精準粉絲畫像是女性下午六點集中，你上午十點開播，流量都是男性，整體流量雖然沒減少，但是精準度不一樣。

2.6.3

如何讓有效的補單才能規避審查？

1、批量養補單水軍號：這批號不能連同一個WiFi，任何帳號不能連直播帳號的WiFi，不能用直播手機登錄水軍號，水軍帳號頭像、暱稱、位址資訊、簡介不能相同或者類同，水軍帳號綁定支付方式和收貨地址不能一樣或者雷同。

2、提前刷要補單的抖音帳號，看要刷的直播間後台畫像，興趣愛好，不能只進要刷單的直播間，也不要一直待在這個直播間，要時進時出；提前幾天關注要刷單的抖音直播間；躲進要刷直播間的同行直播間和短視頻；水軍帳號不能同時批量活躍，同進直播間或者關注帳號。

3、在要刷的直播間開播期間分不同時段內進抖音直播間，成交下單，要模擬成單環節，在直播間互動，甚至需要跟飛鴿線上客服聊天溝通聯繫。

4、創建粉絲群，引導粉絲進入粉絲群，再轉到微信私域，需要補單的時候聯繫老粉幫忙補單。

2.6.4

如何玩轉水軍提升直播間各項指標？

水軍的目的：增加直播間同時線上人數；增加直播間互動評論；增加平均停留時長；直播間帶節奏；引導直播回答問題解決大多數客戶疑惑；配合主播增強說服力；懟黑粉，快速覆蓋負面評論；給主播臺階講解產品；再講一遍原連結或款。

水軍帳號養成記：

1、用一些老號或者用過一段時間的號，新號直接上容易被隱形禁言（發消息只能自己看到），買二手手機（300-500左右的就行）、註冊卡（10元一張，一個人可以辦33張，3大運營商的卡也行）、流量卡（如果買的是三大運營商的卡就不用單獨買流量卡了），然後養號。

2、水軍的帳號可以找不相關的人實名以下（一證多號瞭解一下），這個步驟可做可不做。

3、水軍的頭像、暱稱、簡介要多樣化，不能千篇一律，也不能跟直播號有關聯性。

4、水軍的帳號儘量發一些視頻，多帶手機出去轉轉，養一下行動軌跡（發的視頻不能與直播帳號商品相關或者場景相關的）

5、不要用wifi，直接用流量，刷直播很費流量，記得觀看的時候切換直播間的清晰度到最低，抖音短視頻免流的那種卡，僅限短視頻，直播不包，辦之前問清楚。

6、水軍帳號也要經常去同行或者同一人群標籤的帳號互動、留言點贊，加個粉絲團搶個福利款之類的，但是不要黑人家，良性競爭。

7、水軍帳號不要在直播間一看就是整場直播，隔三五分鐘就退出，待一會再進去。

8、不直播的時候，水軍帳號也要分不同時段刷一刷短視頻，做做點贊評論之類的動作。

水軍帳號操作指南：

1、專人負責，一個人可以控制3-4台，能力強可以控制5-6台。

2、設置好輸入法的快捷短語，每個帳號的發言內容和表達習慣要有差異化，可以訊飛輸入法語音輸入。

3、不要發敏感詞、違禁詞之類的。

4、當主播講解產品的時候，做一些附和，比如：真良心品質，比我上個月買的好多了，主播穿上看著真顯瘦、這個真好用，我也想要、XX主播推薦，必屬精品（根據自己的產品提前寫好，講的時候直接用；不要發的太頻繁，不然容易禁言）。

5、當主播講價格的時候，比如：比拼夕夕還便宜，主播怎麼不早點推薦，我在貓店有了券都還沒你這實惠、這麼好的產品價格真親民、這麼物有所值，我也要一件、一支口紅才59用兩個月，一天才1塊錢（等等之類的話術，也是提前先寫好）。

6、當主播講解互動的時候，配合主播刷屏，但是不要用力過猛，第二天容易發言不顯示，所以主播不要互動的太頻繁。

7、當主播講放單搶購的時候，比如：我搶到了，真好、我搶了一個，再給閨蜜搶一個、又沒搶到主播再上幾個庫存、紅色的沒有了，主播還能上庫存嗎、這麼實惠，搶到就是賺到（依舊是提前寫好）

8、當直播間有人抹黑主播的時候，比如：是同行黑粉吧，這麼見不得別人好、這個號我見過，就是來黑主播的、XX主播是真心帶貨的，姐妹們不要聽他造謠、刷彈幕，把黑粉的資訊覆蓋住（水軍懟黑粉的時候，後台拉黑黑粉）。

9、主播講售後保障的時候，比如：有運費險包退我就買一件、買件試試，不合適再退、謝謝主播、一直在她家買，品質很好（提前寫好文案）。

10、引導主播講款，當主播切款困難或者想返款的時候，比如：主播能講一下6號連結嗎、1號連結什麼時候講呢、主播能講一下後面那個藍色的嗎（提前寫好文案）。

2.6.5

福袋都有哪些優秀的玩法？

第一種標準福袋策略：100抖幣10人10分鐘加入粉絲團，核心點是口令玩法，配合主播開播的時候，設置口令，比如：抽包包、抽T恤，做好開播留任何互動；配合主播上自家爆款的時候，設置口令，比如：要裙子、要紅管；配合主播返場的時候設置口令：沒搶到、下一波，來做返場銷售氛圍，能有效提升3-5秒羽量級停留，關鍵帶來直播間的銷售氛圍熱烈，費用較小，適合日常直播使用。

第二種抽獎補停留策略：實物福袋抽小額禮品，例如福袋設置10分鐘1或者10分鐘3人或者10分鐘5人，獎品為墨鏡、包包、T恤，口令記住要設置成配套口令，比如福袋裡有包包，福袋裡有T恤，能有效提升直播間停留5-10秒鐘，是補帳號資料的重要玩法之一，記住抽獎的獎品要用心，款好看，且應季，是花小錢做較高線上停留的核心。

第三種大額禮品黑科技玩法：實物福袋10分鐘加入粉絲團，獎品如紅米9a手機、洗衣機、網紅包包、衣服、鞋子（1人/福袋）口令設置成福袋裡有好幾個紅米手機、福袋裡抽手機、福袋抽AJ、達到極強的留人效果，留住萬人線上，高停留觸發推流機制，甚至可以起號。

所以直播間初級玩家做氣氛，中級玩家補資料強化資料、高級玩家玩流量玩線上。注意實物福袋延遲設置有三分鐘，抽中的需要七天內上傳單號，沒有實物福袋可以用10抖幣1人10分鐘或者30抖幣3人10分鐘來做替代，福袋配合開播活動，福袋配合爆款融入直播時機當中效果最大化。

2.6.6

使用者給差評即使修改好評，但是分數依然會被扣，該如何應對呢？

首先我們需要形成直播間和客服體系的聯動，主播在做講解的時候，第一時間可以刻意引導一下，告訴用戶收到貨有問題可以直接聯繫客服，優先回饋問題給客服的客戶（不是優先給評論），下次購物的時候給一些福利；可以通過粉絲群進行維護，引導用戶加入粉絲群，有問題粉絲群內回饋，同時客服再引導到微信裡，讓客戶第一時間第一路徑能找到你。

報白分為哪幾種？

第一個就是這個品類不過白名單那就不讓你賣、不讓你開小店，以內衣飾品為代表。

第二種就是你直播間不能投放這個類目，你必須得報白投放戶，以燕窩阿膠這種滋補的產品為代表。

第三種直播間活動報白，比如說有一個特殊的活動，大型的活動要做，那麼這個活動裡面可能臨時要調整一下福袋的個數，或者說還有一些別的訴求，比如說我的敏感詞控屏的詞需要多一些，這個可以專門去專門的申請活動，報白走專門的類目小二，報白這個事情他其實挺複雜的，他不是簡簡單單一個報白就解決的，好多部門都要處理這個問題。

口碑分怎麼刷？

刷口碑分不要直接在直播間裡下單，直接通過櫥窗進去，刷30單就可以出口碑分，那麼一般情況下我們需要刷60單，因為有些消耗他的評價會被過濾掉的，那為什麼要口碑分？前期如果口碑分沒有出來，廣告可能都投不出去，沒有辦法放大，而且流量也會限制你，口碑分出來的越慢，你的流量爆發就會越弱，你口碑分越快，那麼你的流量只會啟動的越快，還有個很重要的評價，不要管別人是不是0銷量，有沒有做評價，我們前面必定要評價，因為你有評價指揮，你的轉化率會更高，人家看你的評價、看你的買家秀，是不是要時間？所以我們前期更重要的是把評論結合起來，那你起來就很快，所以說我們前期評價出來之前、口碑分出來之前，我們不會直接去發力要播到多少的，一定是在直播之前就把這些準備工作給他做好。

2.6.9

如何降低退款率？

　　很多人在直播間下單，然後瞬間就退單，這種情況下沒辦法的，這是衝動消費，我們不用理他，但是有很多人是收到貨之後，依然大量退款，那麼怎麼樣去提前規避呢？其實我們在直播話術的時候一定要注意，我們不能一味地說特別好，只說好的，不說不好的地方，其實我們可以刻意地去說一些不痛不癢的、大家都能接受的，他就會降低對這個產品的期望值。為什麼會退款？就是因為你說的太好了，然後他把這個東西想的太好了，收到貨之後不滿意就退掉了，我們會看到有些直播間，比如一條項鍊，他就說這個鏈子容易斷，如果你稍微用力的話就容易斷，如果說斷了，我們可以給你重新再寄一條，如果說不能接受就不要拍，他就這樣一說，反而大家都願意接受這個事實，為什麼？因為其他人的項鍊鏈子也是同樣的容易斷，所以當他收到貨之後他就不會因為這個問題裡來退款。所以偶爾說一說這個產品真實的情況、不痛不癢的缺點，是行業普遍的現象，這都可以降低大家的退款率。

2.6.10

直播間被人掛假人會有什麼影響？

1、如果你是自己掛的，跑自然流量影響不大，雖然是會引起資料指標變化，但是自己知根知底能剔除假人資料做分析。

2、如果是別人給你掛的，做自然流量影響不大，如果做投放可能有些問題，做資料分析有點麻煩，需要有特別豐富的經驗。

3、假人用的好、模式有利於轉化，掛假人自訂字幕，會給人一種活躍氛圍，提升信任感。

4、假人的流量都計算在其他入口。

小黃車多掛產品有影響嗎？

　　如果你的小黃車就放一個產品的連結，有幾百個人在線上，想一想你會錯失多少訂單，畢竟蘿蔔青菜各有所愛，多放一些產品，使用者在裡面翻一翻，總會找到自己喜歡的，合適就買了。這樣可以提高GMV，可以提高轉化率，同樣放得多一點，也能增加用戶的停留時間，他在裡面逛購物車的時候也會增加他的時間。當然放的這些產品品類要精挑細選，價格不能亂設，會有很多人靜默下單的，如果只有一個產品多個款式，可以每個款式上一個連結。

直播間推薦流量由80%以上掉到20%多跟發貨率有關係嗎？

　　有直接的關係，如果你的48小時發貨低於70%，還在持續降低，很容易會掉出流量池，所以在自己的售後庫存那裡一定要精準的預估自己的庫存。

付費金額比例占總GMV 的多少合適，適不適合以付費流量為主？

　　投放有兩種策略，一種是完全依賴付費的，不付費就一點流量都沒有，一種是把付費當作槓桿和翹板的，可以在開播或者人氣下降的時候拉一下人氣，用來保證進入率，不需要整場都進行付費支撐。付費金額占比多少完全取決於你的利潤多少，沒有固定的比例，賣10萬賺3萬的和賣10萬賺2萬的，付費金額肯定不一樣。

2.6.14
直播中提示展示商品價格和商品實際價格不符？

在直播的過程中描述展示的商品價格與實際價格不符或無依據誇大宣傳參考價，請注意改正，多次違規將關閉商品的分享功能許可權，如果說了原價589、現價88，這種會被處罰。也不能說一定，這種被處罰的都是機器審不出來的，因為你自己說原來多少錢，但是你掛車價是多少錢，機器是看不出來的，這都是人工審核的。如果人工審核看到了，你說了原價或者你可能說了一個標準價或者市場價598，這個時候你說我沒有說原價，怎麼被處罰了？這是因為你的598跟88離得太遠了，一般來說三倍以上都有可能有這個風險。

2.6.15
通過「基地甄選」、「品牌」黑標有什麼感悟？

最近有很多的直播間，他們掛的商品裡面有基地甄選的標誌，這個是因為這些直播間掛在了抖音的某一個基地裡面。坦白講在流量上沒有太大的扶持，可能是在轉化上有一些幫助。那些主播在直播間就會說我們是抖音電商基地選中的品牌，這確實是，這些品牌可能並一定需要在基地直播，但是他的上面會打上基地甄選。這個包括杭州的服飾基地、珠寶基地，還有一些皮草的基地，家電的基地都會打標，打標只是在展現上，但他其實對流量沒有太大的影響。但是這個可能對於有些會賣貨的主播很有用處，記住，會賣貨的主播，他會利用好每一個優點，比如有運費險的時候，他說送運費險，提高轉化率5個點，他現在有基地甄選，會賣貨的主播也能夠提升轉化。

想多做幾個帳號是開員工號還是多註冊執照開號？

要先瞭解一下目前這個帳號播了多久？擴張整個帳號規模的時候，有兩種方式：一種是擴張單號的時間；另一種是增加帳號的數量，這兩種方式都對。

但是關鍵的是，有的時候我們要看能不能擴張單號的時間，其實要看你增加的時間，你的場觀能不能相對應的增加。我們一直在說讓能力比較差的主播播一個帳號的非主力場，這麼做是可以的，就是增加時間讓他先播爆款，把非主力場播成主力場。不能機械的理解說我們就是要做一個新號，現在還是要看單號能不能擴起來。

什麼樣的直播間適合搞商品預售制？

如果直播技能不到位的話，預售可能會影響換化，但是這個看直播間來定。那到底能不能做預售呢？一般來說高價的女裝，或者風格特別強、直播間的主播人設比較強的那種，大家很喜歡你的風格，這樣其實很建議開預售，做這種零庫存甚至負庫存沒有問題。但是有些主播人設不強，又是那種剛剛開號的這種新店。那你要是幹預售，其實會把用戶剛剛跳起來的購買欲望打消掉。所以預售其實要看這個帳號直播間的人設深度怎麼樣。直播間裡面的主播人設跟直播間人設是兩回事，比較理想的狀況是做直播間人設，儘量不要做主播擔任的人設。

2.7 | 三種常見起號思路

2.7.1

流量等級躍遷需要具備的基礎能力

E->D會投放，加上會憋單留人就可以做到。

D->C需要理解貨帶人，會選秒殺品，捨得讓利給使用者，視頻引流加精準投放。

C->B學會投放，有較強的選品能力，優秀SKU充足，增加用戶黏性，度過只能靠秒殺品走量的階段。

B->A主播IP形成，高頻王炸專場（產品能力強、價格低），有較強的控價能力，專業投流能力。

2.7.2

早期的帳號起號過程中主要的幾個問題

1、流量方面：沒有流量進直播前，流量進來承接不住，不會投流，流量不精準，視頻引流做的不好，很多玩法學不會。

2、貨品方面：產品SKU少，品牌度低，選品能力弱，BD能力弱，性價比不高。

3、團隊方面：人手不齊，沒有做到專人專事，團隊成員專業技能不夠，沒有SOP，績效激勵不合理，老大缺少管理經驗。

4、資源方面：生態離得遠，行業資訊缺失、缺少圈子、缺錢、無法找到穩定的商業模式。

起號方法-千川起號（品牌高客單起號）

起號準備

1、開播時間：推薦早上6點、8點、晚上10點、凌晨1-2點盡量避開大號的時間。

2、前傳設置：進入直播間和成單，自訂，300/條。

3、選品設置：59~99元當季高性價比的福利品+受眾面廣的爆品。

4、腳本設置：前期線上會少，但是也要做高轉化和高停留，限時限量，少量多開。

5、尋找對標帳號：最近三個月增長比較快的同行業直播間整理並進行投放的分析。

6、尋找直播間爆款：通過3-5天平播形式，主播通過主介紹產品，通過秒殺、放單的形式，看看哪個品項的點擊率最高、轉化率最高，找到直播間的爆款，進行主推。

7、針對主推款設計話術，設計不同產品的話術，根據材質和工藝設計做獨特的賣點。

8、整理每場直播的資料，下播後複盤優化每場直播動作。

起號步驟

1、凌晨開播，開播4小時，每小時500店推，平播5天測款，拉直播推薦到50%以上（每天2,000元預算，5天10,000元預算）。

2、4小時延長到6小時，60%主講主推款，提升uv價值，直播推薦提升到80%（投放不能停）。

3、換時間段開播，這時流量會下降，要養一段時間提升停留和轉化，逼出開播流量（前10分鐘很重要），福袋+紅包+福利款拉線上。

4、開播前2小時，每個小時1,000元進入直播間，直播中每小時1,000元來卡低價+隨心推帶貨投放，每小時2,000元的預算，看流量情況進入補量。

2.7.4

起號方法-視頻起號

起號準備

1、開播時間：早上6點、凌晨1-2點、視頻爆流量時。

2、千川設置：（投圖文帶貨）進入+成單，自訂，300元/條。

3、選品設置：功能性產品，重講解產品、展示型產品。

4、腳本設置：定制產品一對一，標準產品一對多，回答問題，解除疑惑，臨門一腳，高停留/互動/成交。

起號步驟

1、23點開播，開播4小時，每小時500店推，500千川視頻加熱直播間，投進入直播間。

2、抓住視頻爆量時間段開播，4小時延長6小時，主講爆款視頻產品，拉升直播推薦，千川投直播間+視頻。

3、視頻爆量號，線上人數提升後，加大千川加熱視頻投放，集中精力講視頻中的爆款。

4、根據爆款視頻反派，每天發佈5個視頻以上，做出爆款視頻群，銷售額會穩定持續。

起號方法-直播推薦起號（福利款低價起號）

起號準備

1、開播時間：推薦早上6點、凌晨1-2點（原因：盡量錯開大主播開播的高峰期）。

2、小店隨心推：進入直播間和成單，自訂，每條100-200元，疊加投放（半個小時、1小時投放一次）。

3、選品設置：選擇當季性價比高的福利品（9.9/19.9元）+受眾面廣的爆品，高密度的做轉化。

4、五分鐘單品腳本迴圈講，限時限量1-2單，少量多開。

起號步驟

起號的目的是拉高場觀數，換的更高的自然流量，充大流量池，下次開播獲得更高的流量。

1、用福利款憋線上，1分鐘停留（70互動+30%講品）。

2、人氣拉升起來捨得放單做轉化，轉化率10%-20%（越高越好），你直播間的人都能買你的產品，就會繼續給你推流。

3、購買高客單價進入直播間補GPM（千次轉化成交金額），正常在1,000以上，（直接補大單。首先在開播之前用補單的號做一次黏性，多直播帳號的視頻，多點贊和評論，反復多看幾次，不要點關注！方便在開播的時候能在直播推薦中刷到這個直播間，如果擔心刷不到，就多準備幾個帳號，只要不是同一個IP下的就沒事，補單帳號進入就在直播間等著就行，需要補單的時候直接拍下就行，在下場從新開播的時候退款就行）。

4、千川（小店隨心退）先投進入直播間，後投成單補成交。

2.7.6

低價直播間需要短視頻引流嗎？

　　首先直播廣場推薦進來的流量他是不太穩定的，今天可能讓你賣十萬，明天就只能賣8,000了，直播廣場的流量受到行業、節假日等方方面面的影響，所以波動交叉，但是短視頻不一樣，短視頻的流量是相對穩定的，而且短視頻進來的流量是比較精準的，轉化率很高，所以當我們的直播間有短視頻流量加持的時候，無論你直播廣場推薦流量怎麼波動，至少每天會有從短視頻進到直播間一個基礎的流量，保證直播間每天有一定的基礎營業額在哪裡，這樣就不太懼怕直播廣場推薦流量的波動，所以無論是高客單價的直播間還是低客單價的直播間能盡量多發。

2.7.7

高轉化背後的核心邏輯

1、單品，主播講解難度降到最低，話術熟練，高效輸出。

2、投放時人群定位精準，只需要考慮單品的用戶畫像（女性、高齡）而且長達20小時直播時長，投放演算法有足夠的時間去機器學習調優轉化率。

3、利用視頻投流，讓引流更加精準，同時降低直播間對主播的依賴程度，單品直播，不用擔心進到直播間的人看不到自己想要的品項。同時視頻已經把產品的亮點、功能、性價比等展示大半了，進到直播間的用戶，主播直接承接即可（介紹如何下單、選顏色、逼單），所以轉化效果非常明顯。

4、因為引流精準，觀看時長、用戶評論互動、以及點擊購物車的比率和下單的比例都會比較高，這樣可以啟動自然流量，進入更高的流量池。

2.7.8

起號時如何提升轉粉率

就是點名送東西，注意是直接送，不需要他去拍連結，比如，我看到張小花關注我了，好，來，我把我手上的這個的東西，這個贈品我送給你，我看看誰還關注我呢，我再送一個，那個王小四關注我了，我給你送個同樣的，如果看到誰加了粉絲燈牌，那個誰誰誰，加了我的燈牌，我再送你一個，我是不是就會送這個禮物給大家，這個時候就會有很多人瘋狂的關注我加粉絲團，而且絕對不會利益誘導。

2.8 │ 直播底層玩法

2.8.1

為什麼會有複合鏈，集合鏈，高返等玩法的出現？

只要你弄懂了抖音底層的演算法，你就很容易理解。

複合連結：在於通過低價喜迎購物車的點擊，而與此對應的，則是交易行為中購物車點擊是最重要的指標。

集合連結：是核心增加用戶在購物車當中的停留時長以及點擊率，而停留時長則是互動指標中最重要的指標。

高返：除了本身快速幫助帳號出口碑分之外，還有一點就是帳號初期的大量成交，有利於形成互動、交易指標，進而被系統認為是可以被推薦的帳號。

當你真的弄明白了演算法體系之後，你會發現幾乎有所的問題難題，都可以回歸到演算法的底層體系。我們也可以理解為，你能看到的大多數優質的直播間，一定是演算法資料做的好的直播間，瞭解到這一層，再去做直播就會豁然開朗。

2.8.2

開播半小時怎麼玩？

目　　標：衝到線上2千人。

原　　理：線上層級越高，掉下來也能處於一個高層級。

開播時間：整點提前十分鐘，衝小時榜。

投　　流：隨心推或者千川極速推廣人氣300，點擊300，選擇好年齡和性別即可。

話　　術：憋單話術，會在整點給大家開一波福利，五分鐘一波，少量放庫存，放完之後預告下一波庫存加高繼續開，越往後開越多，不夠人補隨心推或者千川，只要有轉化5分鐘開一波，持續開，半小時5-6波直接打爆直播間。

新號高返怎麼玩？(參考)

目　　標：直播間出100單高客單。
玩　　法：拍下的額度全部返。
準備工作：100單現貨順豐包郵，拍下當天發貨。
操　　作：先憋單去掉羊毛黨，再以正價的方式打開，拍下之後後台打電話加微信好評後返現，1號連結9.9，無庫存，賣點寫到只送不賣，2號連結主推返現款，拿大眾喜歡的款，3-5號連結正價開庫存放著。
投　　流：千川速推版覆蓋500w人群包，選30個同行，300進入直播間，300點擊小黃車，300評論，隨心推也可以。

AB鏈區間鏈怎麼玩？

玩　　法：AB區間鏈。
操　　作：一號連結低價利益點扣1，拍一發三，二三連結價格標的很低，點進去無法購買，賣點寫上只送不賣，4號連結跟1號連結一樣拍一發三，圖片有所不同。
投　　流：隨心推300人氣半小時一次投放，投對標30個帳號。
話　　術：不能有具體幾號連結引導，讓他自己去小黃車看看。

發福袋：指令設置成111，全屏引導1號連結，不要彈講解，憋的差不多準備開價之後4號彈講解，30秒左右放出庫存，一直強調4號連結，下方小黃車自己去撈。

2.8.5

直播間憋單怎麼做？

玩　　法：憋單，先不放出庫存，講活動讓觀眾以為搞優惠活動，價格提前改好，例如9.9，818新規之後要講明什麼時候開，開幾個庫存，用一張紙寫好放在主播後面不停的展示出來，到點之後直接放單。

款　　式：A連結主推爆款，B連結引流憋單款，C連結利潤款。

過款順序：A-B-C，A款先憋單，憋單差不多按線上人數的30%去放庫存做轉化，迅速過B款3-7分鐘穩人，把人數維持穩定再過C款，C款講解人掉的厲害馬上過款上A款再做轉化，如果不能穩住人上B款降價再憋單拉人。

話　　術：A款主打性價比和款式，B款主打價格和品質，高端設計（品牌聯名款），款式承接過渡可以用評論區引導主播過款。

2.8.6

複合連結怎麼玩？

玩法：複合連結，在一個連結中上多個產品，818新規之後只能上同一款不同規格的產品，可以上很多規格但是圖片可以不一樣放在1號連結。

操作：1號連結主圖用套餐圖片，把搭配不同規格的產品做到連結裡面，低價放出庫存，但是最低那個價格的規格時不時放出一兩單避免違規，其他規格正常庫存，福袋口令設置"已拍"，飄屏引導去搶其他規格的產品。

投流：豆莢隨心推300人氣，點擊疊投自訂，十分鐘跟100人氣、點擊。

話術：強調價格是做活動才會有的價格，引導使用者聚焦產品面料做工。直播間贈送運費險，拍下覺得不好可無理由退貨，拍好了留言給你們優先發貨。

2.8.7

新號平播怎麼玩？

目標：線上30人。

玩法：直接開好價格開好庫存平播。

操作：早上4點，晚上11點起號，控屏力度要足，整場只賣1-2個款，打爆之後再整場過款，打不爆換款，下播之後不停的發一些視頻，DOU+投視頻本身去吸粉，達人相似，24小時，每天投300-500。

投流：相似達人DOU+隨心推200進入直播間，200商品點擊，400下單。

場景：輕奢高級，如LV，色系不超過三種，襯托自己的貨。

話術：講品牌款式搭配，語調放平口齒清晰，不能有大賣場的感覺，三二一講解開價過款，保持自己的節奏，助播場控逼單。

2.8.8

低價轉高價怎麼玩？

目標：客單價拉到79。

玩法：套裝捆綁銷售。

操作：上完低價引流款，介紹套裝，特價服飾，買一送一。

投流：發佈垂類視頻，DOU+隨心推投視頻加熱直播間，找高客單達人去投，200評論，200成單，半小時一單，全場2-3單。

話術：炸福利的話術，先講主推款會給大家炸很優惠發福利，無論是主推還是贈送的價值都不低於套裝價格，價格不能虛高，儘量貼近實際。

細節：儘量讓套裝每天都能保持出單30單以上或者GMV3000以上，穩定5-7天價格標籤打起來後，再組一個新套裝或者直接降低20%的價格嘗試全場講一個套裝打爆它。

2.8.9

廣場流量怎麼卡？

目標：直播間千人線上。

玩法：9.9跑量玩法。

操作：找一個大眾款，一直憋單8-10分鐘，開價後逼單2分鐘，直播間人往下掉時提前補付費，一直瘋狂放單，放不出去就換款，有多少放多少，每人限購一單。

投流：隨心推200人氣，200點擊，半小時，自訂女年齡1-2段，人數掉了補一單。

場景：工廠背景，引導卡片，鐵人互動，動感的背景音樂。

話術：主要塑造廠家出貨，今晚全場消費都由老闆買單。引導互動關注，給直播間造成馬上要開的景象。

2.8.10

直播間粉絲留存怎麼拉？

目標：平均停留時長：一分鐘。

玩法：福利款炸停留。

操作：粉絲團五級買一送一，五分鐘福袋抽實物，兩款引流款憋單3分鐘，一款承接款放量拉轉化，同時預告接下來的引流款和活動。

投流：小店隨心推200成交，200互動，30個相似達人，持續投放一個小時。

話術：節奏要快。第一，拉粉絲團；第二，給大家馬上要開的感覺；第三，不斷預告接下來的活動和要炸的款式。

2.8.11

口碑分提升怎麼做？

目　標：口碑分做到4.8分以上。

玩法一：售前聯繫客戶有福利防止差評。

玩法二：售後簽收聯繫福利要好評。

玩法三：客服設置自動回覆。

玩法四：直播間低客單高好評回饋拉好評。

2.8.12

直播間爆款怎麼測？

目　標：找到當季爆款。

玩　法：視頻直播間測爆款。

操　作：蟬媽媽上面找到日銷排行榜前三，周銷排行榜前三。對接工廠近期跑單量多的拿來三款。同樣的場景腳本拍攝九款產

品，自訂投100小店隨心推投9個視頻，看視頻播放量和點贊
數，直播間每款產品利益點相同，分配時間相同，看商品點
擊轉化率，每次剔除三個，每天上三個輪替。

爆款數據：一百塊錢播放量破萬，或者商品點擊率高於20%（在資料羅
盤裡面看）則可加大力度打爆。

2.8.13

新號場觀怎麼破萬？

目標：直播間場觀破萬。

玩法：引流款拉停留互動，準備兩個福利款。

操作：早上五點或者晚上十一點播，兩款引流放一二號連結，輪著三分
鐘憋單放少量庫存，重複多開，福袋紅包開局半小時發起來。

投流：DOU+隨心推300疊投人氣半小時，自訂女性1-2段。

場景：引導卡片活動1/3畫面，主播肢體語言大，動感的背景音樂。

話術：介紹新號做活動的原因，引流款來回拉互動停留，要1的扣1，要
2的扣2，同時塑造產品價值，只有今天直播間才有的活動。

2.8.14

直播間福利產品怎麼玩？

王炸福利款A：賠品，震撼最低價，目標群體人人都想要；每次放單線
上人數的10%。銷售過程中做預告：下一個福利B和福利
C人人有份，價格同樣美麗，拿出產品展示。（王炸福
利A可以準備兩款，讓用戶選擇）。

補償福利B：微賠品或者無利品，必須是其他直播間驗證過的爆品，
超低價（比A價格高)，價值感比A更高，作為A的補償

款，人人有份，但僅限拍一單。上庫存五五上，庫存管夠，銷售間隙同時提醒點贊到多少開秒A款。

補償福利C：無利品或者微利品，必須是別的直播間已經驗證過的爆品，客單價比AB高，數量上買一送一，拍一發三。性價比之王，每次充足放單。

直播間抽獎的4種玩法

行銷策略	詳解分類	注釋	實操講解
抽獎玩法	福袋抽獎	核心目的：公屏互動 > 停留時間 > 口令引導 > 拉新流量。 充分利用福袋時間，能夠做多重開機，利用新進來的路人公屏互動，可以做不同利益的觸發。	❶ 設置口令"福袋裡有蘋果手機" - 新進來的一看就知道此時此刻的活動。 ❷ "一號連結扣想要加庫存" = 購物車點擊率。 ❸ 全場任意下單送珍珠髮夾 = 活動催單。
	整點抽獎	核心目的：停留時間 > 關注點贊 > 回頭客 整點抽獎的預告能夠讓觀眾等待你說完內容，如果接近整點的用戶會等待，如果時間久用戶會先關注，整點回到直播間，多重來回提高整體權重。	❶ 提前做好 KT 板。 "21 點整擼免單：= 觸發用戶 ❷ 下單，拉升時下 GMV 和 UV 價值，觸發流量機制。 ❸ 每到整點抽大禮包 = 結婚掃禮包，拉長停留時間或者引導關注甚至回頭。
	問答抽獎	核心目的：互動 > 停留時間。 通過主播提問，產生大量觀眾互動，在等待的同時能夠加長停留的時間。	❶ 一號連結主播還有哪個碼沒放庫存 = 購物車點擊率。 ❷ 主播開播前是多少粉絲？= 下一波拉關注鋪墊。 ❸ 今天幾點抽免單？= 預告下單福利。

	核心目的：停留時間 > 關注點贊 > 忠實粉絲。 回饋粉絲，適當的粉絲紅包可以給到一些老粉真愛粉一些"工資"，而且可以提高新進來的流量紅包參與度。	新進來的家人，無論是走過路過還是一直堅守在直播間的真愛粉絲們，今天紅包的中獎用戶不僅可以搶到抖幣還可以額外收穫我們贈送的女襪 5 雙。
紅包 抽獎		

2.8.16

直播間秒殺的4種玩法

行銷 策略	詳解 分類	注釋	實操講解
秒殺玩法	點贊 秒殺	核心目的：拉點贊提升直播間活躍度和直播間的停留時間，在用戶已關注的欄裡才有機會獲得優先展現權。	在直播間的所有家人們，我們點贊還差兩萬了，今天達到兩萬我們就給大家放我們今天 XX 品牌的福利
	整點 秒殺	核心目的：關注粉絲的回頭率，預告活動時間的節點，讓需要的使用者、目標的使用者在整點的時候返回直播間。	離我們的整點還有十分鐘，再過十分鐘我們既要給直播間的家人們放庫存，我們直播間有多少人，我們就放多少。
	限量 秒殺	核心目的：續單量，拉跟蹤直播間的點擊轉化率。	我們把想要扣起來，滿 30 個我們給大家放一波庫存，所有人點擊購物車，準備好手速，倒計時 …
	關注 秒殺	核心目的：漲粉，當粉絲漲到一定數量時開始放單。	現在主播的粉絲是 2300，直播間現在 500 人，新進來的家人們給主播扣一波 1，我看看有多少，主播不奢求幫助波漲到 2500，我給大家發放 200 單，點多少上多少。

直播間優惠的4種玩法

行銷策略	詳解分類	注釋	實操講解
優惠玩法	**高峰期免單**	核心目的：拉高時間節點前的 GMV，促進成交率，拉升直播間的 UV 價值。	沒有下單的家人們，趕緊點擊購物車，我們還有十分鐘就給直播間的家人們抽免單，不要再糾結，我們家產品品牌直營，7 天無理由退換貨，喜歡的直接拍。
	全場享受 x 折	核心目的：品牌折扣如，吸引老粉複購率回頭率。	做好直播掛件：全場粉絲 3 折優惠。 設置粉絲專享優惠券，設置限時限購活動
	滿 x 錢贈 xx	核心目的：提高 GMV。	做好直播掛件：全場滿 299 贈拖鞋一雙。
	滿 x 單贈 xx	核心目的：提高單量。	做好直播掛件：全場排拍滿 3 件贈送我們的遮陽傘一把。

PART 3

貨品準備

3.1 | 不同時期的貨盤策劃

3.1.1

選品原則及組貨策略

1、好商品是長久信任的基礎，識別好的商品有利於增強用戶的信任度、複購率，同時可有效維護好帳號的帶貨口碑。

2、先聚焦、後發散的原則，通過大部分主播直播間的成長路徑案例得出，通過垂直或相對垂直的商品類目，更有助於促進帶貨主播人設的構成，隨著粉絲量以及粉絲活躍度越高，人設越來越穩定，逐漸嘗試更多的關聯類目進行商品帶貨。

3、根據粉絲畫像和結合近期成交過的用戶標籤需求進行選品。

4、達人和商家相比，達人的選品和組合更具擴展性，在基於達人原本的帶貨品類基礎上可做周邊相關的組品策略，同時也需考慮產品特點的使用週期性和複購率。

3.1.2

起號階段如何排款和選款？

有很多直播間一直做不起來，是因為產品沒安排好導致的。主播講解的產品，不但影響到直播間的用戶停留時間，還影響直播間的商品點擊率、轉化率，甚至會改變直播間的人群標籤。所以產品安排對了，直播間起號可以達到事半功倍的效果，今天教大家直播間該如何正確的選擇商品。

首先起號階段切記不要貪多，款式真的不需要搞太多，因為對於一個粉絲不超過20萬的直播間來說，進入你直播間的人大部分都是新人，是第一次滑進你直播間的，哪怕你這個產品已經反覆講一星期了，對於這些進入你直播間的人來說都是新品，所以這個時候肯定是拿出最具吸引力最好賣的款來講解，對這些流量的轉化才會最大化，最吸引人的款，就是你的爆款。爆款的轉化率天生就是高，一直講解爆款直播間的留存和轉化，一定會比去講解其他沒那麼爆的款要好很多，不要覺得一直反覆地講解，用戶會反感，去看一下用戶停留時間，用戶最多在直播間停留一兩分鐘就會走了，所以當第二遍講解這個產品的時候其實看到的用戶已經換了一批了。所以剛起號的直播間，切記不要搞太多款，最多選出三個款，不能再多了，反覆來講解這三個爆款就對了。

那如何從眾多產品中選出爆款呢？推薦兩個方式參考：

第一種方法：把你要篩選的款同一個視頻腳本拍攝短視頻，短視頻的拍攝模特、拍攝角度、時長、影月、文案等都要全部一致，只是款不同。然後每條短視頻投200的DOU+人群篩選，你可以用相似達人也可以自訂或智慧推薦，只要保證每個視頻都是同樣的篩選人群方式就可以。投放目標選擇漲粉或進入主頁，投放時長6小時，跑完之後來看資料，前三名就是你最好的二三個款。

第二種方法：直播間平播過款，有流量的直播間就不需要投付費，沒流量的投一點隨心推或者千川，每一款的過款時間5分鐘，這款時長不低於10個小時，保證每個款都有講解到20遍以上。做完之後把資料拉出來，找出商品點擊率最高的6個款，從這6個款中再選出商品點擊率最高的3個款，這3個款就是你這一盤貨裡最好的爆款了。

直播間如何通過購物車測品？

假設我們有4個款要測，4個款分別為ＡＢＣＤ，第一天我們按照ＡＢＣＤ四個產品放到小黃車的4567號連結，直播完成後記錄商品點擊等資料，第二天按照ＢＣＤＡ的順序，第三天按照ＣＤＡＢ的順序，第四天按照ＤＡＢＣ的順序，每個產品都有機會在4567號連結待一天，然後算出每個產品的點擊率，點擊率大於20%，就是潛在的直播間爆款。

3.1.4

產品分類及解釋

引流款：一般用於預熱或者直播開場，主要是為了吸引人們停留從而達到引流的目的，所以產品本身具備大眾屬性，極高的性價比，有著非常不錯的吸引力。

爆款：爆款是最容易製作需求點的產品，能夠製作需求，這樣才能把轉化做到極致並且能保持不錯的利潤。一般爆款的利潤要正常，可以稍微偏低，因為是爆款，全場大部分時間都在講它，一般掛很多連結在直播間，自然點擊率大於20%就是潛在爆款。

利潤款：利潤款主要是賣給老粉或者對我們足夠信任的人，這部分人能夠接受更高的一個產品價格，這樣我們的利潤就會非常高，這種產品一般都要選擇品質較高的寵粉款。

形象款：特色款保持高利潤的同時，更多的是可以吸引觀眾的吸引力，吊起部分小眾觀眾的胃口，刺激他們成交。一般可以穿插在直播期間，因為是照顧少量的人，需要快速過款。

3.1.5

直播帶貨有哪些品類？有什麼特點，哪些不能賣？

❶ 服裝/飾品/鞋帽箱包/護膚——容易衝動消費。

❷ 食品/傢俱/日用百貨——受眾範圍廣。

❸ 戶外/家居/圖書/母嬰/數碼/起床用品——細分垂直領域，競爭小。

哪些不能賣：

❶ 槍支、彈藥、軍火、武器類。

❷ 國家機關相關用品類（國徽、手銬等）。

❸ 易燃易爆物品及危險化學品類。

❹ 毒品及相關工具類。

❺ 色情、暴力、低俗、情趣類。

3.1.6

不同類目如何排品

排品方式一：

　　女裝的排款參考：引流款-爆款-爆款-爆款=利潤款-形象款-爆款-爆款-利潤款-爆款-爆款-形象款。

　　男裝的排款參考：引流款-爆款-爆款-利潤款-形象款-爆款-利潤款-形象款-爆款-利潤款-形象款。

　　童裝的排款參考：引流款-爆款-爆款-爆款-利潤款-爆款-爆款-爆款-形象款-爆款-爆款-爆款-利潤款-爆款-爆款-爆款-形象款。

　　美妝的排款參考：引流款-爆款-爆款-爆款-利潤款-形象款-爆款-爆款-爆款-爆款-利潤款-形象款-爆款-爆款-爆款-爆款-利潤款-形象款。

　　珠寶的排款參考：引流款-爆款-利潤款-形象款-爆款-利潤款-形象

款-爆款-利潤款-形象款。

　　食品的排款參考：引流款-爆款-爆款-爆款-爆款-利潤款-爆款-爆款-爆款-爆款-形象款。

　　家紡的排款參考：引流款-爆款-爆款-利潤款-形象款-爆款-爆款-利潤款-形象款-爆款-爆款-利潤款-形象款。

　　水果的排款參考：爆款-爆款-爆款-爆款-爆款-利潤款-形象款-爆款-爆款-爆款-爆款-利潤款-形象款。

　　鞋子的排款參考：引流款-爆款-利潤款-爆款-利潤款-爆款-利潤款。

　　小眾產品（手錶、傢俱、燈飾、二奢、牛肉丸等）的排款參考：爆款-爆款-爆款-爆款-利潤款-爆款-爆款-爆款-爆款-形象款-爆款-爆款-爆款-爆款-利潤款。

排品方式二：新號起號直播間如何排品？

　　第一步：打開蟬媽媽，選擇直播。

　　第二步：選擇粉絲1萬以下的（粉絲太多說明他已經進入穩定期了，而你處於起號期）銷量量500-1,000以上的，開播日期在近一個月以內的，最好是7-15天左右。（時間太久的都是老號）。他們能把號做起來，說明他們的話術以及玩法是符合當下規則的，他的排品是合格的，你就可以直接對他的直播間進行錄屏，把他的話術借鑒過來，去其糟粕取其精華。大部分時候同行都是最好的老師。

　　第三步：現在起號分為：廣場起號（低價/福利憋單）、視頻起號（拍短視頻）、付費起號（千川付費）。

怎麼分辨同行的起號方式？

　　如果人氣峰值在1,000以上或者人均峰值很高，UV價值很低，基本就是廣場起號；如果人氣峰值很少（幾十人）這種，銷售額很高，基本上就是付費起號，你是想起廣場號還是付費，這就要看你的產品了，二者是可以同時使用的。

第四步：找到目標同行之後，點擊達人頭像進入，點擊左側的直播分析，在點擊直播紀錄，方可依序看見到他的直播場次，可點擊右側的直播按鈕進入。

第五步：進入後點擊商品分析，按照價格排序，就能看到他是如何排品的了，廣場起號基本都引流款-承接款-利潤款。這裡看還不是特別的準確，最準確的方式就是同行開播的時候去錄影，不僅可以看到他的排品順序，還能提取他的話術，建議找20個左右的同行帳號進行分析。

3.1.7

如何借助別人的爆品拉升自己的轉化率？

我們都知道自然流量的多少不僅僅取決於停留時間互動，和轉化率也有很大的關係。當我們直播間自己產品的性價比沒有足夠高的時候，這個時候我們的轉化率可能做不到特別高，怎麼辦呢？抖音後台有一個精選聯盟，精選聯盟裡面有很多高性價比的產品，這個時候我們只需要找到和自己直播產品相關的產品（類目一致，不然標籤會亂），找那種性價比非常高，銷量也非常高的產品加到我們的小黃車裡，放在二號或者三號連結，我們照樣講我們自己的產品，這個精選聯盟的產品放在小黃車裡，其他不用管，但是由於它的性價比足夠的高，價格足夠的低，就會有很多人來小黃車這裡主動點擊他，主動靜默下單購買，這個時候就大大增加了我們直播間的產品轉化率，產品轉化率上去了，我們的自然流量也會得到一個很大的提升。

3.2 | 如何利用精細化排品快速產出資料

3.2.1

直播產品如何介紹？

產品介紹的8個維度，根據自身產品特點套進去，挑選幾個維度在直播間講解。

產品展示：就是正常的產品展示，讓觀眾大概瞭解產品情況，屬於基礎展示介紹。

產品背書：明星代言、明星同款、證書、專櫃、節目同款等，消除觀眾顧慮，提高信任，快速轉化。

產品優點：原料對比、價格對比、工藝、週期、突出產品的優勢。

角色扮演：討價還價、庫存虛構。

優惠促銷：產品的滿減、秒殺、限時限量。

粉絲互動：需求互動、通電互動、體驗互動、更多互動內容切入。

消費場景：場景投屏、手機展示（汽車內拍車用防曬衣、廚房裡拍垃圾袋等）。

3.2.2

普通產品如何塑造價值感？

我們在做直播帶貨的時候，如何把一個非常普通的產品的價值感給塑造起來，讓大家非常想去搶購，這個就需要一定的技巧。我們拿杯子來舉例吧，其實我們肉眼能夠感知的東西是很有限的，假如說我們只看這個東西，好像感覺不到它好在哪，這個時候我們的主播就一定要把這個杯子的細節給他解釋清楚，比如這個墊底做了一個防滑隔熱設計，它的好處給他放大。再比如說他這個開口的地方做了一個防漏的卡扣設計，我們這個時候就把這個防漏卡扣的細節給他講清楚，甚至還要裝些水現場來做實驗，看一滴水都不漏。除了講解細節之外，我們在講解產品的時候，最好能加一些專業術語，也就是說觀眾聽不大懂的東西。比如說這個保溫杯的內膽，我們說它是一個304手術刀級不鏽鋼，因為304不鏽鋼很普通，大家聽得多了，但是如果你把它說成304手術刀級不鏽鋼，這個時候它的科技感一下子就被拉升，他的價值感一下子就高了一個層次。

3.2.3

什麼是單品爆破？適合哪類商家，怎麼賣？

單品爆破：就是視頻、直播間一直重複過款，一般就是常見的1-2款，而且我們看到的銷量都比較不錯，就是主打這個商品。

合適的商家：廠家、供應鏈商家、產品優勢。

怎麼賣：單品直播間，主要靠素材流量，素材腳本，吸引用戶，提升轉化，不斷地去測素材，測腳本。

3.2.4

直播間產品怎麼搭配？拉高客單價和整場GMV？

1、福利款正價賣＋再送商品1、2、3。

2、福利款調整SKU，再綁上關聯產品，稱進店款，會刺激消費其他產品。比如賣鞋子，多設置一個SKU加上幾雙襪子。鞋子不賺，但是幾雙襪子是賺錢的。

直播間不讓改價、降價怎麼玩？

現在因為平台的管控，我們在直播間裡面不能隨意改價，那我們該怎麼來處理這個問題呢？

比如我們的帽子賣9.9，其實這個帽子原價是39.9，這個時候我們發放一個30的券，這個30的優惠券帽子是可以用的。但是這個券我們發放的個數是大於帽子的庫存的，比如我們的帽子庫存是20，但是券發了50張，就會有人搶到了券但是沒有買到帽子。不過注意，這個券其實是接下來的幾個商品都是可以用的，比如接下來我們會放上一個199的衣服，這199的衣服用完券之後是169，這樣就通過一個券去串聯起了兩款商品。

用什麼產品來拉動新客戶下單？

一個品項來回高速迴圈，5分鐘一個，這裡面的邏輯就八個字：爆款拉新，新款懷舊。很多帳號會被老粉拖死是為什麼？是因為老粉總是要求上新，但是並沒有那麼多新款，如果你老是迎合老粉，老粉就老來，直播間的用戶畫像老粉就一直往上漲，直播間看播用戶老粉一旦到了50%以上，你會發現沒有新粉絲進來了。拉新的一定是爆款，比如花西子散粉賣了很多年，他的爆款一直是常青，但是老粉就爆款早就買了很多，所以每天不同的場次裡面，有的場次只賣爆款而且投放計畫上只投新粉，就相當於我們投觀看人氣。

3.3 | 福利款無法轉正價的原因及策略

3.3.1

影響購買決策的四大因素

1、對我有什麼好處？用戶以自我為中心，好吃不好吃/口感是否合適/
是否有品質保證/享受美味的舒適感/是否有機食品等。

2、具體可見資訊：質檢報告/食品生產許可證/份量足不足/品牌背書，
是否真的品質好。

3、預期心理評比：我的心理預期/之前固有的印象/之前那家店的產品
跟這個對比。

4、所在氛圍（感受）：再不下手就沒了，搶不到會後悔。

3.3.2

用戶人群客單價範圍較低怎麼辦？

　　可能是因為你放的福利款定價太低，在選擇福利款的時候，還是盡
量和正價款的定價以及價值有所承接，讓福利款和正價款背後的目標人
群保持一致，這樣就可以避免泛流量過大反而影響到直播間資料，導致
流量倒車。另外，在自然流量增加的時候，可以適當增加投放預算，用
付費預算來換取精準流量，而不是用「超低價的福利款」以換取大而泛
的流量。不建議玩純自然流，純自然流量的直播間生命週期不長且違規
風險較大，穩定性不強。

福利款轉不了正價款的原因

原因一：帳號流量不精準

　　雖然參考了新直播間策劃，但是你直播間的人群標籤不如同類目優秀直播間的人群精準，導致轉化率偏低，停留也一般。這種情況下可以適當加大投放預算，並且加大「深層目標」投放預算。比如隨心推，可以加大投點擊的預算（投點擊比投進入直播間相對更精準，而人群越精準對主播的要求就會相對降低）。另外可以配合千川去投放，如果有專業投手的話，千川的確比隨心推流量更可控，用來矯正人群標籤也的確更容易操作，成熟的團隊基本上都是千川配合隨心推一起投的。可以看一下福利款的點擊率是否超過25%（最低的及格線是20%，最好能做到30%），如果沒有達到這個數值，不是說明福利款不ok或者產品視覺效果不佳（在直播間內展示的不夠吸引人），就是流量精準度欠佳。冷開機的直播策劃中，因為總場館很少（只有幾百），付費流量占比超過50%鬥不過。沒有精準流量的直播間，想要靠自然流量憋單，就非常考驗主播能力，而且相對低效。

原因二：主播節奏和話術的問題

　　主播的過款節奏沒有從福利款的節奏轉到正價款的節奏。福利款的價格較低，用戶決策成本就低一些，正價款價格相對高，決策成本就高一些。主播在過福利款的時候，話術技巧很簡單，只要展現價格和基本的產品話術就行了，但是過正價款的時候就需要精心設計話術和產品展示場景，真正能讓用戶種草。有時候低價轉正價轉不了並不是真的轉不了，而是你的直播間本身就沒有能力賣正價。可以自檢一下付費流量的停留、互動、轉粉、轉化資料，如果你採買的精準流量都沒有辦法達到優秀的資料指標，自然流量就更達不到了。付費流量的資料最能反映你直播間的真實能力（付費流量的轉化達不到3%-5%，直播間點擊率達不到6%，1分鐘停留率沒有超過50%，都還有非常大的優化空間）。還有可能是轉成正價款之後直播間的風格調性變化了，與目標使用者不匹配，更高客單的直播間，會對直播間場景提出更高的要求，以及主播的直播風格是否是高客單人群喜歡的風格。另外賣相對於低客單價產品的時候也許能用「壓迫性的銷售方式」，使用者能買帳，但是越高客單的人群，越不喜歡高語速和壓迫性的銷售方式。所以需要找到一種既能促進消費又能讓目標受眾接受且喜愛的銷售方式。

直播就是一種完全放開的銷售形式，你的直播間就是詳情頁，什麼樣的詳情頁吸引什麼樣的人群。

3.3.4

如何通過轉品解決流量不精準的問題

直播間流量不精準到底該如何解決，告訴大家一個解決方案，就是大量的成功轉品。比如我們是9.9起號，我們最終想賣100多200多的東西，那麼我們一定要大量的轉20、49、69、89這種價位的商品，大量去轉，如果你不大量的去轉這些價位的貨，那麼你的標籤就是以小鎮青年和都市男女為主，這些羊毛黨他會讓你的付出打水漂。所以成功轉品可為我們打上精準人群標籤，可以說是唯一的辦法。那麼該怎麼樣去轉品呢？連買帶送！就是剛開始播的時候連買帶送就可以了，你第一場你轉不動很正常，那麼第二場、第三場一定要快速轉，我本來就是成本50的東西，我就20或者30賣，是不是可以賣的動？100塊錢的東西，50塊或者60塊賣不賣得動？肯定賣得動，這個時候就是把價格可以標高一點，虛高一點然後來炸，每次要限時限量。比如我就放兩單，不管是50個人還是100個人，我就放兩單，但是我真正放的時候呢我放了5單10單的，只要我產品價值塑造好，總會有人拍，拍了之後我說我再送你一個什麼東西，防止他退款，這樣的話我們就能快速的成功轉品，轉品的過程中，沒大家不要考慮說我虧多少錢，這個東西真的不重要，重要的是把標籤打好之後我就可以賣出利潤品了，要不然的話，你一直就在虧錢虧錢虧錢，這個事不就做黃了嗎？

3.3.5

轉款的4個小技巧

1、彈幕要求主播轉款的編號，主播自然過渡講解（需要水軍直播間配合）。
2、福利款和轉款產品是搭配款，比如T恤是福利款，轉款是牛仔褲。
3、轉款的產品要有幾個備用的，轉款後人數下滑立即切其他款。
4、在人氣最高的時候去轉款，成功率非常高。

3.3.6

不降價如何讓產品有很高的超值感呢？

　　「比價」是用戶很常見的一種行為，很多客戶在抖音上看到後會習慣性的去某寶搜價，比價。那我們在轉移到抖音上之後該如何讓在不降價的情況下，也能給用戶一個很超值的感覺呢？那就是優組品（也可以叫SKU重組），比如說我們是做化妝品的，我們可以把小樣跟正整品組合成套裝，呈現給用戶拍一得十的感覺，還可以把所有產品貼到KT板放在螢幕前，這樣給使用者一個威懾力，就有了一種不買就虧的感覺。

3.4 | 如何精準提煉產品賣點

3.4.1

電商產品賣點分析

核心賣點：

1、核心賣點是作為企業突圍、爆款突圍、品牌突圍的核心。賣點是落實於行銷的戰術戰略中，化為消費者能接受、認同的利益和效應，達成產品暢銷、建立品牌的目的。

2、選賣點的兩個要素：競爭力、區分度。

3、具備什麼特徵的賣點算是核心賣點：

　① 超級賣點：有超越同行的競爭力。

　② 新賣點：有明顯的差異性，耳目一新、獨樹一幟。

　③ 獨家賣點：具有唯一性，不可複製。

超級賣點

1、定義：高於對手一個層次。三流產品賣產品、基礎功能，普通的賣點；二流產品賣品牌，增加客戶信任感，更具品牌傳播的價值；一流產品賣理念、全新使用者體驗，傳導新的決策理念、產品理念、品牌理念、認知理念，明顯能拉開差距的競爭力。

2、方法：歸納同行的產品賣點，尋找自己的品牌定位，梳理客戶的決策理念。

3、示範：以家紡類為例，環保衛生就賣產品，定位裸睡家紡是賣品牌，化纖甲方不易滋生病蟲細菌是賣健康理念。

新賣點

1、定義：賦予老賣點新的角度和表述方法。

2、特點：具備顛覆性以及填補消費者思想認知空白的作用，嶄新的賣點可以給消費者帶來新的消費衝動，具有強大的競爭力。

3、方法：聽法上新穎，第一次聽到；認知上新穎，角度獨特。

4、示例：耳機，第一次聽到骨傳導震動傳導角度獨特、拒絕中間損傷鼓膜的聲孔耳機。

獨家賣點

1、定義：獨家佔領某個維度的認知，只有自己的話語權。

2、方法：註冊賣點、建立行業標準、軟實力賣點提煉、軟實力通常是品牌價值、品牌故事、團隊、某種獨家工藝、某種獨家配方、某項專利技術。

3、示例：大米。

　　① 註冊賣點：島米。

　　② 行業標準：煮粥米粒開花才是生態稻花米。

　　③ 軟實力：李玉雙有機稻米。

實賣點與虛賣點

1、定義：實賣點：可以被感知和檢驗的賣點；虛賣點：需要思想和意念來體會的賣點，兩者相互依託，互為表裡。

2、方法:

　　① 實賣點思路：外觀賣點、材質賣點、功能賣點、功效賣點。

　　② 虛賣點思路：誰設計的外觀、什麼理念的外觀、什麼來源的材質、何種環境的材質、什麼獨家的工藝、什麼標準的工藝、什麼標準的功能、什麼原理的功效等。

3、 示例：絞肉機

① 外觀—實賣點：小型絞肉機；虛賣點：一頓食用肉量，科學飲食不發胖。

② 材質—實賣點：不鏽鋼材質；虛賣點：可以用一輩子的絞肉機。

③ 工藝—實賣點：S型刀片；虛賣點：多維度絞肉，你絞一遍，別人絞3遍。

④ 功能功效—實賣點：細碎；虛賣點：不破壞肉的新鮮度和營養。

賣點與「炸點」

1、 定義：讓客戶瞬間產生驚喜感和記憶感。

2、 方法：產品有了賣點就是優質產品，有了炸點就是爆品。

3、 一針見血：易懂。

4、 一見鍾情：出奇。

5、 以一傳十：傳播。

3.4.2

如何提取產品的一個賣點

產品的賣點＝產品的特點＋能提供的價值。如何找到產品的特點和產品的價值？

第一個就是你的領導還有你的同事，又或者是供應貨源端能提供一些資料給到你。

第二的話就是百度查到產品相關的一些資料。

第三的話可以通過電商平台，還有小紅書這些平台進行相關關鍵字的搜索。通過標題的下拉清單可以洞察到一些大部分用戶的需求，還有就是詳情頁裡面的一些評價的高頻詞。

第四根據賣點提煉思路進行頭腦風暴。

賣點提煉對主播的影響：

1、提煉賣點查缺補漏，完善商品介紹內容。

2、增強對商品的熟知度，直播中可靈活應變。

3、可前置篩查違規話術、避免直播中被處罰。

賣點提煉對直播間的影響：增加直播間氣、提升轉化效率、 促進成交金額增加與成長。

直播時需要對產品介紹的需求點

首先主播可以從一下的幾個方面對產品進行介紹。

1、價格方面

高價產品：突出介紹高價格帶來的非凡體驗，以及高價格在產品某一方面的特殊之處，例如高品質、手工製作等。

低價產品：突出介紹價格較低所帶來的高性價比。

2、尺碼方面

介紹尺碼是否為正常尺碼。衣服需要注意衣服的胸圍、腰圍的大小以及所適合的人，褲子需要注意介紹褲子的腰圍、臀圍以及褲長。

3 面料方面

衣服面料的類型為真絲、棉、麻、羊毛、鹿皮、太空棉等，由此引導出面料帶來的上手上身的觸感是舒服、有彈力、柔軟等。鞋類的頭層牛皮、羊皮等面料帶來的透氣感。配飾類的翡翠、琥珀石、銀飾帶來的寓意。

4、流行元素方面

印花元素適合約會；度假蝴蝶結元素偏向學院風；斜肩呈現出的鏤空或者蝴蝶結稱呼小心機；細節款則著重於品質的特點。

其次，針對各不同類別的產品進行細緻性的介紹和劃分，主播可以按照以下部分設定為直播流程。

主播開場介紹自己和今天的主題，引出商品。對於主題可以與商品有關。例如：印花類的連衣裙可以把主題暫定為度假怎麼穿？這幾套就夠了之類有關度假風的。主播開始對於今天商品進行介紹，重點突出商品的特色（百搭/撩男神/約會裝/通勤/必備/度假/約會/閨蜜逛街）。

3.4.4

寫產品賣點文案的正確步驟

1、 提取產品的賣點。

2、 篩選產品賣點。

3、 選擇表達邏輯。

4、 結合場景完成寫作。

3.4.5

講解注意點

1、 多說對對方有價值的話。同樣的一件事情用不同的表達方式，所展現出來的效果是截然不同的。比如說你坐火車的時候大喊「請大家讓一下」，可能很少人會願意禮讓，但是你換一種方式：「開水燙，小心燙著您，麻煩讓一下」，所有人立馬就讓開了，因為這與他的利益相關了。

2、 使用者永遠關心的不是你的產品有什麼特點，有哪裡比較好？而是關心這個產品能夠為他帶來什麼價值，自己有沒有這個需求？

7個類目賣點參考

服飾類目賣點參考	
1、會顯老氣嗎？	2、會染色嗎？
3、會顯胯寬嗎？	4、背面版型顯瘦嗎？
5、會皺巴巴嗎？	6、會起球嗎？
7、領子這塊難受嗎？會勒的很緊嗎？	8、能配黑色小皮鞋嗎？
9、秋天穿會冷嗎？	10、布料硬嗎？
11、會顯小肚子嗎？	12、衣服是什麼布料的？
13、色差大不大？	14、比較胖的穿會不會臃腫？
15、小個子是不是很寬鬆？	16、內搭怎麼搭呢？
17、下水後會變形嗎？	18、收到需要燙嗎？
19、胸大側面會不會很臃腫？	20、透不透氣呢？會不會悶呢？
21、配高腰牛仔褲好看嗎？	22、繫個腰帶會好看嗎？
23、線頭多嗎？	24、面料粘毛嗎？
25、彈性怎麼樣？	26、袖子會不會束縛胳膊抬不起來？
27、鬆緊帶可以自己調嗎？	28、黑黃皮可以穿嗎？
29、會起靜電嗎？	30、洗衣機能洗嗎？
31、面料會貼肉嗎？	32、會透內衣形狀嗎？
33、懷孕可以穿嗎？	34、有異味嗎？
35、是滑滑的有垂感嗎？	36、袖子是不是很窄呢？
37、有厚重感嗎？	38、舉手的話會繃住嗎？
39、梨形身材合適嗎？	40、洗幾次會壞嗎？
41、珠子會掉嗎？	42、收腰效果好嗎？
43、看起來廉價嗎？	44、短髮／長髮穿上效果怎麼樣？
45、袖子紐扣可以解開翻上去嗎？	46、加絨的會顯臃腫嗎？
47、扣子會不會很有廉價感？	48、洗了會縮水嗎？
49、溜肩這款合適嗎？	50、是不是很薄，15℃天氣能穿嗎？

51、墊肩會變形嗎？	52、碼數準確嗎？
53、膝蓋那塊鼓包嗎？	54、會勒大腿根嗎？
55、能蹲下去嗎？	56、頂包嗎？
57、內膽容易跑出來嗎？	58、坐久了背部或者屁股容易起皺嗎？
59、會扎肉嗎？	60、是羊絨嗎？
61、會不會扎脖子磨的很難受？	62、容易有折痕嗎？
63、能塞下厚毛衣嗎？	64、腰帶的位置低嗎？會不會拉低腰線？
65、袖口緊嗎？會不會勒手腕？	66、充絨量怎麼樣？
67、會不會跑絨？	68、走路能邁開腳嗎？
69、是雙向拉鍊嗎？順滑嗎？	70、大毛領可以拆嗎？

美妝類目賣點參考

1、是皂基洗面乳嗎？	2、適合油性皮膚嗎？
3、洗完會有滑滑的、洗不乾淨的感覺嗎？	4、最近臉癢，這個可以用嗎？
5、清潔力怎麼樣呢？	6、會不會假滑呢？
7、皮膚比較乾適合嗎？	8、洗完之後臉會不會很乾會脫皮？
9、用了之後臉上的痘痘會不會更紅？	10、敏感肌可以用嗎？
11、用了之後會有緊繃感嗎？	12、刺激性大嗎？
13、對閉口黑頭有用嗎？	14、學生適合用嗎？
15、泡沫豐富嗎？	16、一瓶能用多少天？
17、去角質效果怎麼樣？	18、是假搓泥嗎？
19、能去死皮嗎？	20、可以去雞皮膚嗎？
21、會過敏嗎？	22、是磨砂還是膏狀的？
23、去角質溫和嗎？	24、沖洗的時候會不會黏住臉上的絨毛？
25、裡面有磨砂顆粒嗎？	26、可以改善閉口嗎？
27、面膜香味厚重嗎？	28、可以改善肌膚暗黃嗎？
29、黑頭有用嗎？	30、敏感肌或痘痘肌能用嗎？
31、可以收縮毛孔嗎？	32、青春期男生可以用嗎？

33、第一次用會刺激嗎?	34、酒精過敏可以用嗎?
35、流汗是白色的還是透明的?	36、防曬用後有搓泥的情況嗎?
37、會有油膩感嗎?	38、防曬效果怎麼樣?防水嗎?
39、好推開嗎?	40、塗上清爽嗎?
41、防曬霜能保持多久呢?	42、假白嗎?
43、需要多久噴一次?	44、容易掉色沾杯嗎?
45、留色效果怎麼樣?	46、直接塗會不會乾呢?
47、滋潤嗎?	48、黃皮適合選哪個顏色?
49、膏體聞起來有什麼味道嗎?	50、塗完之後會太乾嗎?
51、會顯唇紋嗎?	52、凍乾粉可以去痘印嗎?
53、被太陽曬黑的可以變白嗎?	54、需要放在冰箱裡嗎?
55、精華液可以改善炎症嗎?	56、刷酸之後用可以嗎?
57、有抗炎效果嗎?	58、這個不能和什麼成分混用?
59、唇周暗沉能改善嗎?	60、保濕效果怎麼樣?
61、會假白卡粉嗎?	62、容易暗沉嗎?持妝效果怎麼樣?
63、氧化嚴重嗎?	64、會悶痘痘嗎?
65、水潤型容易脫妝嗎?	66、T區出油用這個可以嗎?
67、淡妝可以卸乾淨嗎?	68、只卸防曬可以嗎?
69、卸妝能力怎麼樣?	70、卸完之後臉部會發熱嗎?
71、乾敏皮用了之後會緊繃爆皮嗎?	72、可以卸唇部嗎?
73、會辣眼睛嗎?	74、香味能保持幾個小時呢?
75、聞起來刺鼻嗎?	76、味道會不會很濃?
77、控油效果好嗎?	78、用著掉髮嗎?
79、用完之後頭髮蓬鬆嗎?	80、去屑止癢嗎?
81、香味持久嗎?	82、洗完皮膚會很乾燥嗎?

箱包類目賣點參考	
1、沒有拉鍊東西容易漏出來嗎?	2、扣不緊的問題怎麼解決呢?
3、能裝下多少東西?	4、味道很重嗎?
5、包自重怎麼樣呢?	6、包包的皮很軟嗎?

7、鏈條會褪色嗎？	8、卡扣會自己鬆開嗎？
9、色差很大嗎？	10、帶子勒不勒？
11、材質硬嗎？	12、鏈條可以換嗎？
13、容易髒嗎？	14、日常裝水裝傘會不會太大？
15、包邊會掉皮嗎？	16、包包翻蓋的會不會有折痕？
17、夾層多嗎？？	18、看起來廉價嗎？
19、適合秋冬背嗎？	20、背的時候會不會硌得慌？
21、放電腦底部會塌嗎？	22、能裝幾件衣服？
23、肩帶容易壞嗎？	24、輪子順滑嗎？
25、哪個顏色百搭一點呢？	26、會磨衣服嗎？
27、背久了會有褶皺嗎？	28、拉杆會不會搖晃的厲害？
29、萬向輪好用嗎？	30、箱子外殼軟嗎？
31、抗摔嗎？	32、鋁框的品質怎麼樣呢？
33、是靜音輪嗎？	34、鋁扣的會不會爆開呢？
35、防刮防掉漆嗎？	36、能坐嗎？
37、能抗住暴力運輸嗎？	38、學生黨適合什麼尺寸呢？
39、箱子提手容易斷嗎？	40、裡面異味大嗎？
41、輪子聲音大嗎？	42、容易掉色嗎？
43、拉鍊順滑嗎？	44、箱子本身重嗎？
45、抗壓嗎？	46、容易變形嗎？

珠寶賣點參考

1、這麼細的鏈子會斷嗎？	2、時間長了會褪色嗎？
3、手鏈可以調節大小嗎？	4、洗澡可以帶嗎？
5、會導致過敏嗎？	6、會卡頭髮嗎？
7、長時間戴會變黑嗎？	8、是千足金嗎？
9、有鋼印嗎？	10、光澤度怎麼樣呢？
11、鏈條容易打結嗎？	12、有證書嗎？
13、適合手小的人戴嗎？	14、吊墜和鏈子可以拆嗎？
15、鑽石閃嗎？	16、可以去專櫃置換嗎？

17、珍珠正圓嗎？	18、性價比高嗎？
19、有瑕疵嗎？	20、戴的時候會不會硌得慌？
21、是 A 貨嗎？	22、皮膚暗戴合適嗎？
23、螺口連接容易開嗎？	24、能刻字嗎？

玩具樂器類目賣點參考

1、充電怎麼樣？	2、音樂可以單獨開關嗎？
3、感應操作怎麼樣呢？	4、感應距離有多遠？
5、打到人會不會痛？	6、子彈可以迴圈使用嗎？
7、味道重嗎？	8、10 歲的孩子能玩嗎？
9、卡的緊嗎？容易散架嗎？	10、容易卡彈嗎？
11、打到電視會壞嗎？	12、容易摔壞嗎？
13、能過安檢嗎？	14、充一次電能玩多久？
15、拼裝複雜嗎？	16、會不會劃破手呢？
17、上面有毛刺嗎？	18、什麼材質的呢？
19、這個線會斷嗎？	20、方便收拾嗎？
21、玩久了會鬆動嗎？	22、掉毛嗎？
23、放在洗衣機裡會不會成一坨？	24、會起球嗎？
25、應該怎麼清洗呢？	26、填充物怎麼樣呢？

鞋類目賣點參考

1、鞋底厚不厚？	2、髒了容易洗嗎？
3、能增高嗎？	4、這個鞋子防滑嗎？
5、鞋底軟嗎？	6、穿久了會脫膠嗎？
7、下雨天防水嗎？	8、是標準碼數嗎？
9、跑步穿適合嗎？	10、透氣性怎麼樣？
11、冬天穿合適嗎？	12、網面容易磨破嗎？
13、折痕嚴重嗎？	14、會被壓腳背嗎？
15、透氣性怎麼樣？	16、會臭腳嗎？
17、耐髒嗎？	18、搭配什麼褲子好看？

19、走路久了會累嗎？	20、有沒有內增高？
21、溢膠嚴重嗎？	22、走在地上會吱吱響嗎？
23、容易變形嗎？	24、腳胖可以穿嗎？
25、異味大嗎？	26、會擠腳嗎？
27、腳寬可以穿嗎？	28、鞋舌是固定的嗎？
29、學車可以穿嗎？	30、有足弓設計嗎？
31、穿上襪子，鞋墊會滑嗎？	32、穿起來重嗎？
33、會磨腳脖子嗎？	34、有異味嗎？

3.4.7

其他主播賣點講解參考

1、 羅永浩講洗碗機

　　每次吃完飯，就開始兩個人的戰爭，到底是老婆洗碗還是婆婆洗碗，一個大老爺們夾在中間兩面為難，這個難度僅次於世紀難題老婆和媽媽同時落水了，你到底救哪個？想解決這個問題，我一個大老爺們總不能天天去刷碗吧，但是天天面對這雞毛蒜皮的小事煩得不得了，就有這麼一款全自動智慧洗碗機，誰吃完了把碗放進洗碗機裡，你過去一按開始自動洗碗，兩千多塊錢就維護了世界和平，多好啊。

2、 糖貓講羽絨褲

　　北方的集美們，你們那裡天氣是不是已經很冷了，我們這都已經零下幾度了，每天上班出門騎電動車也就十幾分鐘，路上頂風那風直接灌進褲腿裡，到公司都凍得腿都麻了，要站了好久才能緩過來，你們是不是也有這種感覺，我們助理穿著一款束腿小腳羽絨褲，面料防風防水裡面保暖，還不進風，關鍵上身還不臃腫，她穿的是我們公司新款的羽絨褲。

3、 海爾講485冰箱

疫情期間中國鄭州市澇疫結核，社區也不讓出門，每天只能派一個人出門買菜，我一直就擔心我媽家沒有菜怎麼辦？我媽打電話說上周買的放在冰箱的菜還很新鮮，這款海爾458冰箱裡面的保鮮區放的青菜新鮮的跟剛買的一樣，容量大，這兩個星期都不愁青菜吃，讓我儘管放心，以後半個月買一次菜來就可以。

4、 釘釘辦公軟體

在家辦公期間，公司沒辦法考核員工出勤狀態怎麼辦？也不知道剛發出的通知同事們是不是有在處理，這個月的月結款進程到哪個環節了？總不能一個問題打一個電話吧，有沒有一種有效的方法，讓公司管理能遠端看到員工在家辦公效率？後來我們發現了釘釘，真的挺好。

5、 口氣清新劑

我們每天都生活的忙忙碌碌，很多小細節都沒注意。你去吃了一碗熱乾麵扒了兩瓣蒜，樓梯間你一打嗝那個味道~~工作壓力大去樓梯間抽根煙回來同時聞到一股子煙屁味。最近口腔潰瘍想跟女朋友親熱一下剛張開嘴一股口臭味被她嫌棄，尷尬地迴避，這時候你不得不想辦法清除口臭。

6、 貓狗自動餵食器

當時剛把主子接回家的時候，我還是個青澀的新手鏟屎官，那會給主子就用基礎的貓食盆，每天手動添糧添水。但是時間長了，你就會發現這種手動的食盆既不方便還不衛生。非自動的食盆，給主子倒上水，他喝水的興趣並不大，不會跳躍的水在它眼裡都沒有靈魂，它馬上喝完一來二去裡面落得全是毛，食盆裡的水非常容易髒。還有貓糧，都得定時定點添和換，稍有不慎餓著主子就接受爪子警告吧。所以說啊，懶人千萬不要養寵物，十分考驗耐心，還要求你勤勞勇敢。於是後來直接給主子來了一套全自動的餵食器飲水機，主子十分受用。

很多東西都可以突出生產成本、生產環境

1、 寧夏硒砂瓜

　　海拔2000米以上，年均降水量不到蒸發量的十分之一，基地山勢起伏，十年九旱，水資源匱乏，年降水量不足180毫米，這裡日照充足，晝夜溫差大，氣溫和熱量狀況利於農作物乾物質積累和土壤有機質分解，當地農民在山坡地表上覆蓋一層10-15釐米大小不等的顆粒或片狀砂石，然後在砂石間種上西瓜。.

2、 阿拉斯加捕蟹人

　　寒冰刺骨的海水中，顛簸的巨浪中，抬起300斤重的蟹籠，每天工作20小時，每7天就會有一名捕蟹人喪生。

3、 沙漠水稻

　　沙漠是地表中最惡劣的地貌之一，這裡常年無雨且乾旱，在沙漠裡我們最常見到的就是漫天黃沙，水稻生長發育的水田應在土壤水分充足，水稻需水量很高。

4、 走地雞/野豬

　　山林放羊、走地雞、野豬，吃的是大自然林間草蟲，喝的是天然泉水，每天都有追趕鍛煉，肉質充份運動後的口感更佳美味。

原材料成本賣點

1、 用料成本

　　手工鞋斜面，裡襯，鞋底子都是用的頭層牛皮，上衣裡層是新疆阿瓦提的長絨棉，頂級的日本和牛/法國的黑松露/遠東的魚子醬。

2、 採摘成本

　　由於金絲燕築巢總是築在高險處，攀岩壁采燕窩是十分艱巨而又危險的勞作，採集者背負囊，攀登與懸崖峭壁之間，猶如猴子一樣地踏著空穴，扒著縫隙，四處搜尋著採集物。採摘金絲燕窩有多難？僅繩梯重達一百公斤，安全措施只有一根麻繩。

3、 加工成本

德賽鞋業牛皮鞋全是老手藝人手工做的,這些工人拿到年薪50萬。

定制禮服需要提前四個月,15個工人配合,多種工藝,金絲銀線圖案鑽石,動輒一套禮服百萬。

全自動充絨機30萬一台,羽絨服不再手工充絨,用三十多萬的全自動充絨機,快好幾倍。

4、 運輸成本

雲南昆明的鮮花全程順豐冷鏈空運。

大家電送貨上門。

單件單程物流費200-400。

5、 時間成本

秭歸臍橙,每年四月份開花,第二年四月份果子成熟才可以吃,花果同枝說的就是秭歸臍橙。

牛肉之所以比豬、鴨肉貴,最主要的是生產週期長達18個月。

6、 人工成本

清明時節人工採茶。

傳統摘棉花。

紡織女工。

設計/功能性介紹

1、 舉例

電動牙刷通過電動機芯的快速旋轉或震動,使刷頭產生高頻震動,瞬間將牙膏分解成細微泡沫,深入清潔牙縫。

筋膜槍是一種軟組織康復工具,通過高頻率衝擊放鬆身體的軟組織,治療軟組織疼痛的一種有效方法,刺激其本體感覺功能,從而起到有效緩解肌肉緊張的作用。

2、 服飾類

棉類夏天吸汗透氣。

高腰褲前低後高，前傾不勒肚子，蹲下防走光，高腰護腰暖宮，實用價值。

保暖、透氣、吸汗等防風。

3、 化妝品

防曬、祛斑、美白、保濕、鎖水等，一切都是為了美。

4、 茶葉

養生、待客、送禮、收藏。

5、 智能手機

接打電話、溝通交流、消遣娛樂、虛擬價值。

攀比心理：現在連幼稚園小朋友都在使用智能手錶，你能不給孩子也買一個嗎？

6、 鑽石

被商家輿論引導為忠、貞的愛情象徵。

虛榮，在姐妹面前更有面子。

7、 白酒瀘州老窖

你能品味的歷史440年，國窖1573。

稀缺性價值。

8、 純金的“青眼白龍”遊戲卡

當年限量的500套標價20萬日元在官網進行抽選販賣，法拍起拍價80萬。

9、 武夷大紅袍

大紅袍母樹現僅存三顆六株，清朝時只有皇帝才能享用，2006年開始禁止採摘，2005年20刻武夷山木薯大紅袍拍賣價高達20.8萬元，如今已被列入《世界遺產名錄》，絕對的珍稀茶種，世界頂級茶葉。

10、 帝王綠翡翠

帝王綠的翡翠日漸稀少，每件帝王綠翡翠都是翡翠中的極品，因為帝王綠實在是稀少。

權威/專家/設計師推薦。

11、 小罐茶

小罐茶，大師造。

12、 北京協和醫院矽霜

北京協和醫院藥劑科製劑室作為院內製劑生產，在臨床皮膚科門診為有皮膚問題的患者治療使用。

13、 紅米薏米粥

健脾養胃、利水以及清熱排膿的功效，非常適合體內濕氣較重的人飲用。

PART **4**

播後複盤

4.1 | "五維四率" 轉化漏斗

直播間的進入率是什麼，如何提升？

直播間進入率在哪裡看？在抖店上方-電商羅盤，點擊內容分類下的直播分析就可以看到了，用觀看人數除以直播間曝光人數就可以得出我們的進入率，例如我這個直播間的進入率就是28%，也就是系統把直播間推送給了100個人看，28個人點進來了。所以你們經常抱怨系統不給你推流推場觀的，其實系統是給你推流了，給你很大的曝光量，但是別人就是不點進你直播間看，到底是因為什麼原因呢？

第一、 用戶滑到你直播間的時候，主播話術密度夠不夠高，風味夠不夠激情，你要知道我們的門口是有很多人路過的，他們能看到我們的狀態的，只有我們激情滿滿的直播才能夠吸引住用戶。

第二、 你們的產品能不能吸引住使用者點進你的直播間，使用者對你的產品感興趣，自然會點進去卡位，所以選品，一定要選平台爆品。

第三、 你的場景夠不夠套路，比如有些直播間在背後貼一張白紙，寫的全面包郵，這就是為了吸引住在門口徘徊的人點進來。

如何提升直播間的關注率？

現在投很多好場觀衝上去之後維持不了幾天又掉下來了，轉化做的也還可以，但是為什麼會掉下來呢？

因為加關注加粉絲團這兩個資料沒做好，比如系統給了五萬多場觀，新增粉絲100多，加團20多個，這個資料做的實在太差了，系統捕捉到你這個資料就會認為給你推了新人，但是你直播間無法獲取新人的信任，沒人願意關注你，所以系統就會減少給你推送新人。

其實很多人也知道加關注加粉絲團的重要性，那為什麼這兩個資料很多人做不起來呢？因為大多數人不懂如何正確的引導加關注。目前所用的加關注是無效的，今天分享兩個實用的方法來把直播間加關注的資料做起來，你正在直播的時候，在直播間裡說喜歡主播的給主播點關注或者是加關注，主播優先發貨，這樣的話術你說的再狠，也沒有幾個人願意關注你，因為關注你對他們來說沒有價值。比如我現在看到一個漂亮的妹子，想讓妹子加我，如果我現在直接上去和她說：美女，我們加個微信認識一下吧。我大概是會失敗的，那我要怎麼樣才能加到呢？我一定是要先把自己塑造一番，把自己的價值展現出來，然後再去加，這樣的概率就會更大了。比如：美女，我是剛從美國留學回來的，現在在做一家網紅孵化公司，這家公司是阿里巴巴投資的，我們公司每年孵化的年收入過千萬的網紅有一兩百個，我看你挺有網紅氣質的，我們先加個微信認識一下，回頭好好聊一下，也許你就是下一個大網紅。這樣說話就有比較大的可能加上微信。直播間加關注也都是一樣的道理，你先把自己塑造一番，讓用戶覺得你很厲害，你有價值，只有在你有價值的時候他才願意關注你。

比如說我們有一個賣保溫杯的直播間，大家關注的話術是這樣設計的：姐妹們老粉都知道，我們家的直播間只開了兩個月時間，兩個月的時間我張了50萬。為什麼有這麼多人願意關注我願意成為我家的粉絲，因為我家是保溫杯的源頭工廠，中國的保溫杯訂單有90%都是在我們河北保定生產的，而我們家在保定做保溫杯工廠已經30多年了，我們是當地保溫杯的龍頭企業，我老闆是河北保溫杯協會的創始人和會長，我們工廠佔據五萬多平，你所知道的保溫杯品牌有80%都是我們生產的，比如說什麼扣以及像什麼印，還有富什麼光這些你所知道的保溫杯品牌訂單大部分都是我們生產的，銀泰百貨、永輝超市、沃爾瑪都是我們的客戶，我們的保溫杯到了商場裡面基本上都是299、399和499 的價格，但是我們源頭工廠剛來到抖音平台，我們就是要送福利賺人氣的，所以我讓你連商場的一折價格都不到就能用到這種高品質保溫杯，我們家別的東西沒有，就是保溫杯多，工廠倉庫堆得滿滿都是保溫杯，現在直播間線上2,000人，1,800人都已經關注了我，還有200個新來的，你們這200個還沒關注我的左上方免費的關注趕緊點起來，你關注了我，成為了我們家的粉絲，你這輩子都不用再發愁買保溫杯的事情啦，以後你家大人用的老人用的小孩用的，我統統包了，商場一折的價格比商場還高的品質，因為我是源頭工廠，我在這個行業深耕了30多年，我們有這個底氣，此刻只有50個還沒點關注的了，左上方免費的關注，趕緊點一下，今天不買不要緊，先關注了，防止你需要買保溫杯的時候找不到我了。你看這個話術處理，他沒有一點的廢話，在拉關注的同時把自己的實力、自己的產品有塑造了一遍，讓用戶覺得你真的牛，關注了你真的會有價值，這樣才有可能關注你。

第二家關注的方法，就是我們後台的行銷中心可以發店鋪粉絲優惠券，例如你一個東西本來計畫賣39的，那你可以設置49的價格，再發十元的店鋪粉絲券。因為這個券是關注了才能用的，這個時候就可以通過這個券引導用戶給你加關注。

最後一點，如果你是用電腦直播的，可以在右上角下面加一個png格式的箭頭貼紙，加上提示語引導關注。

4.1.3

場觀高轉化率低怎麼辦？

首先要分析場觀高，他進來的是泛流量還是精準流量，如果是泛流量的話，可能是商品問題，也可能是不夠剛需或者是覆蓋面不夠廣，需要先把直播間的人群給他做到精準。

第二點，如果是一個精準流量，比如你是一個賣男裝的，進來的都是男性，而且都喜歡服裝，但是轉化率還是低，那就要考慮選品了，是不是性價比不夠高？還是客單價太高了，還是說主播沒有把產品話術給吃透，沒給大家呈現出這個賣點或者使大家沒有購買欲望，還是說貨場問題，大家的信任感不強等等，他都是一個原因。接下來就應該圍繞剛才的幾點去進行一個改進，然後再進行下一場直播，慢慢就會發現問題所在了，到底是哪個環節出錯了。你的轉化率也會隨著改進慢慢得到一個完美的提升。

4.1.4

如何提升直播間的互動率？

雖然秒殺/互動在直播間的審核變嚴，但不是不能操作，可以詳細按照規則可行的方式讓使用者參與，舉幾個例子，記得收藏學習。

1、**號召點贊**：滿贊送福利，通過點贊到一定的量級，會進行福利抽獎或者紅包發送等。

2、**號召評論**：現場定價，引導粉絲猜測直播間產品的價格福利/福利品等方式，針對不同產品適當對庫存等資訊賣關子，引導使用者進行互動。

3、**號召關注**：保障贈送，點擊關注送運費險、7天無理由退換貨、粉絲優先發貨等。

4、**號召分享**：直播間分享連結變紅包，直播間內主播發起用戶分享領現金的活動，號召看播用戶通過抖音私信、複製口令等方式邀請好友進入直播間。

5、**號召加入粉絲團**：加粉絲團領粉絲券，通過花費1抖幣加入粉絲團，可以領取粉絲團專享福利。

6、號召加入粉絲群：例如：入群獲得一手優惠資訊，引導加入粉絲群做私域，流量所有權屬於企業本身，並能夠直接與用戶連接，持續精細化運營。

如何優化直播間的點擊率？

首先在解釋這個問題之前，我們先考慮一下點擊率的提升對我們的直播間有什麼影響：對於我們付費的投放點擊率和投產比都會很大的提升，同時對我們直播間的場觀、購物車點擊以及GMV的提升都有很大的幫助，所以說優化點擊率是一件很重要的事情。

目前直播間有五大競爭力，分別是：場景優勢、福利優勢、價格優勢、品牌優勢、產品優勢。

當我們找到自己的優勢競爭力之後，我們需要放大這個優勢，可以使用實景直播，確立主播人設配合實景類型配搭定制服裝、飾品等放大場景優勢；可以編寫品牌直播標語放大品牌優勢；可以通過最小單價數位展示、劃線價處理、直播專屬價、價格對比等放大價格優勢；可以通過福利資訊張貼、獎品展示，告訴大家怎麼拿福利品來放大福利優勢；可以通過編寫產品精準賣點、直觀視覺展示來放大產品優勢；同時還可以通過調整畫面的飽和度、色彩種類以及場景區域劃分來輔助優勢的放大。

提高直播間的點擊率就是方法體現直播間競爭力，如果保持高點擊率，要不斷優化和反覆運算。

怎麼提升商品點擊率？

　　第一，主播的穿搭不好看，導致這個商品沒有太大的吸引力，用戶不想點，大部分直接走了，無法引起他點開小黃車看一下價格的興趣，這樣點擊率就低了，所以主播和你的產品要匹配起來，如果匹配不起來，穿著不好看，要麼換產品，要麼換主播。排除了主播穿搭問題之後，如果整個直播間個別產品的點擊率長期的低迷，那很有可能是這個產品是真的不行，要麼產品太差，要麼這個產品不符合你直播間的人群標籤的興趣，此時就要考慮下架這個點擊率低的產品。

　　第二，你的小黃車的商品主圖太差了，沒有吸引力，商品的標題以及標題下面那行賣點沒有寫到點子上，用戶沒有點擊的欲望。當一個用戶點開小黃車後，裡面那麼多商品，那個能吸引他點擊此時就是看主圖、標題、賣點這三個東西。所以商品的主圖一定要驚豔，要拿出當年做某寶的態度才能非常的優秀，非常專業的商品主圖，不要拿個手機隨便拍一下就上去了，商品的標題和賣點要認真地去填寫，要像我們當年優化直播直通車標題那樣認真，把產品的重要特性以及福利和賣點給體現出來。

　　第三，中控彈講解的頻次不夠，影響商品的點擊量，所以中控在主播講解商品的時候要隔十秒鐘彈一次講解，增加曝光。

　　第四，主播引導用戶點擊小黃車的力度不夠，尤其是一些用戶年齡段偏大的直播間，很多用戶都是抖音的新用戶，他可能刷抖音短視頻很久了，但對於直播間還比較陌生，他從來沒在直播間購物過，你不引導他就不知道點擊哪裡看商品。所以直播的過程中每當商品上架的時候，務必要拿出一個手機懟在鏡頭前引導用戶去點擊小黃車，教他們如何下單，不要覺得這些大家都會，直播間的新用戶其實很多。

流量漏斗如何查看和優化

直播間的成交鏈路具體可以拆分為下圖

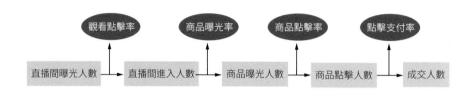

五維：直播間曝光人數、直播間進入人數、商品曝光人數、商品點擊人數以及商品成交人數。

四率：觀看點擊率、商品曝光率、商品點擊率以及點擊支付率。

當成交鏈路中的某一率數值較低，就會影響五維中的人數，進而影響到最終的成交人數，導致GMV受限。

因此直播間的健康狀況，實際上可以由五維四率反推進行診斷。找到直播間五維四率中出現問題的「率」，對其進行優化，進而提升最終的成交人數，拉升直播間的GMV。

左圖轉換效率差，右圖轉化效率較優，整體成交人數呈現出較大的區別。

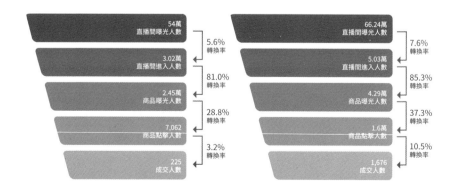

商家可以通過以下途徑找到直播間的五維四率：

抖店後台-電商羅盤-直播列表-直播間明細-（選擇單場直播）資料詳情-流量分析-按人數看。

對轉化漏斗中的五維四率進行資料診斷，找到轉化較小的部分，根據上述中可能的影響因素進行歸因，在通過對直播間的觀測進行驗證，找到問題的根源進行優化。

4.1.8
直播間轉化率分析導圖

1、直播間曝光人數/直播間進入人數=觀看點擊率

觀看點擊率=外層用戶點擊進入直播間的人數/直播間總展示人數，除了直播間的整體視覺因素會對其造成影響外，巨量千川投放人群及引流視頻均會對這一數值產生影響。

案例分析：

某客戶五維四率中較差的為觀看點擊率。針對概率進行分析，歸因為直播間場景問題。

11.5晚對直播間場景進行調整，優化整體場景佈置與燈光佈局。

11.6直播間觀看點擊率達到7.6%，相較於11.5的觀看點擊率提升26.32%。

板塊	歸因	具體內容
視聽體驗	場景	場景的視覺觀感影響用戶的第一體驗，新、奇、特、美觀的場景有助於樹立良好的第一印象，吸引更多用戶進入直播間
	主播／直播團隊成員	主播的個人形象／風格具有吸引力及親和力，直播團隊成員與主播是否能夠營造出熱鬧、親切的氛圍
	權益	直播間是否有吸引人的活動貼片（包含抽獎、免單、低價購等），是否有產生信任度的權益貼紙（七天無理由退換貨、運費險等）
	聽覺	直播間聲音是否清晰（人聲清晰，無雜音無回音無爆音），是否有適當音量的 BGM 烘托氣氛
引流視頻（信息價值）	商品曝光	引流視頻中商品整體與細節是否展示清晰，整體視頻是否能夠突出商品的特點、質量與美感
	權益曝光	視頻中是否清楚說明優惠力度（滿減、優惠券、抽獎等）、用戶權益（七天無理由、運費險等）
	明星達人背書	視頻中是否有明星達人進行口碑背書
巨量千川	投放人群	巨量千川的廣告投放人群是否與商品目標人群重合

2、商品曝光人數/直播間進入人數=商品曝光率

商品曝光率=商品曝光人數/直播間進入人數。商品曝光包含購物車商品展示，正在講解商品彈窗展示，閃購卡展示等。

案例分析：

某客戶10.18與10.22兩天直播資料進行對比，除商品曝光率（購物車點擊率）增長10%以外其他資料沒有明顯的變動，但整體GMV卻提

升了36%，增長了近90萬GMV。

具體動作：10.22的直播間在話術方面重點講解【今天購物車哪幾號商品有做滿贈活動】、【我們直播間就相當於免費的試衣間，喜歡的寶寶們可以點擊購物車讓我們上身試穿】。同時加強後台的【正在講解】頻次。

3、商品點擊人數/商品曝光人數=商品點擊率

商品點擊率=商品點擊人數/商品曝光人數。商品點擊人數主要計算進入商品詳情頁的用戶數。

4、成交人數/商品點擊人數=點擊支付率（D-O率）

點擊支付率=商品成交人數/商品點擊人數。成交人數為已完成支付的人數。

案例分析：

某客戶五維四率中較差的為支付點擊率。針對概率進行分析，該客戶品牌聲量大，但產品客單價高，直播間價值感塑造弱，且和其他平台相對性價比低。

11.1對主播話術和活動進行調整，增加更多主播個人感受和對比性話術來映襯產品價值，增加免單和滿減活動，突出直播產品的性價比。

11.1-11.7直播間日均D-O率提升了20%，作為GMV的重要影響因素之一，帶動GMV提升了214%。

板塊	歸因	具體內容
商品屬性	性價比	與其他商家同類商品相比，直播間所販售的商品是否更具有性價比（同樣的價格更好的質量／同等質量更優惠的價格）
	供需不匹配	直播間是否過度宣揚低價，優惠等訊息，促使觀眾衝動消費，但在支付階段時，客户理性戰勝感性消費（核心為選品上是否擊中目標群體的需求）
視聽體驗	話術 （核心：促單話術）	是否營造出直播間的緊張搶購氛圍（報庫存、時間限制等）；對於商品的介紹是否擊中用户的痛點，主播對於商品的講解是否凸顯出商品的性價比
後台操作	客服（服務力）	助播／評論區客服是否對觀眾提出的問題進行詳細解答，幫助觀眾應知盡知，充分了解商品
店鋪與帳號	用户信任度	帳號是否為藍勾勾認證帳號，帶貨口碑分的高低以及店鋪的品牌信息均會影響消費者的最終購買信心

4.2 | 複盤流程及方案執行

4.2.1

直播間曝光人數

　　曝光人數由每5分鐘的直播資料、每半個小時的直播資料、上場直播的資料和帳號等級決定的，我們的直播資料又包括了：成交資料（GMV/UV價值/GPM等）和互動資料（轉粉率/停留時間/評論率等），還有就是短視頻上熱門。如果我們的曝光還可以，我們就做好每五分鐘的資料就行了，想更上一層樓的可以追加付費＋更高密度的成交，如果曝光低的可憐，說明你之前的資料不是很好，要重新打造好人貨場，人貨場要拆開會有很多，大家明白影響曝光的原因就行了。

　　❶ 分析流量占比，在我們短視頻沒有熱門的情況下，也沒有大量投付費廣告的情況下，自然流量占比低於80%，或者即使有付費、短視頻有熱門的情況下，自然流量低於50%的，說明現在帳號自然流量還是沒有完全打開，自然流量推流極少。直播間曝光低的原因就是自然流量沒進來，此時要去最優化直播間的排品和話術，用福利品和拉新話術做好直播間的自然流量停留、互動以及成交和轉化，把直播間自然流量啟動，這樣做幾場之後，你自然流量占比會做起來，直播間的曝光量也會隨之增加。

　　❷ 開播峰值，如果開播極速流量進人峰值很低，那說明前面幾場的資料都很一般，尤其是上一場直播的後半段，對於本場開播極速流量的影響比較大，所以說要在每一場下播的時候送福利拉一波人氣和成交，這樣對下一場開播的今日峰值會有幫助。如果說開播今日峰值還不錯，能有1,000以上的峰值，但是線上人數的波峰很難維持住，這個說明直播間承接極速流量的能力不夠，極速流量進來之後，快進快出，承接不

住這場就很難有第二波推流。正常的曝光就搞不了，要去設計的開播話術、策劃開播活動，想辦法把極速流量能多留一會。

前端提升：短視頻＋付費。

後端提升：5分鐘的成交密度和千展，付費補成單。

直播間點擊率（曝光進入率）

理解：並不是你的直播間曝光越高，進入直播間的人就越多，你的直播場景、主播、話題、標題都很優秀才會有很多的點擊進入；同時，進入率也會受到流量精準度的影響，確切地說應該是受到流量來源的影響。

曝光進入率＞40%合格，反映的是直播間的點擊率，人貨場的問題。

解決：直播畫面：直播間場景買點是否突出、整體視覺是否舒適？主播的話術密集程度、主播的整體形象、直播間的整體氛圍如何？商品是否有吸引力、性價比如何、品質如何？

1、 產品主體展示清晰。

2、 主播形象。

3、 直播間行銷資訊。

4、 貨品陳列。

5、 背景音樂。

6、 直播間氛圍。

7、 直播間標題。

短視頻：前3秒是否吸引人、賣點是否突出、是否有直播間引導、創意槽點如何？時長是否合適？內容是否緊密？畫面是否流暢、展現是否完整、畫面是否舒適、賣點是否誘人？語言邏輯是否清楚、賣點是否清晰？

板塊	歸因	具體內容
視聽體驗	直播間話術 (商品講解話術＋引導話術)	主播話術中是否引導用戶點擊進入購物車購買商品、對於商品的講解是否生動豐富吸引用戶停留
	直播間基礎引導	討論區展現的直播間介紹內容是否通過利益點、商品內容等吸引用戶點擊進入購物車，是否有手勢貼紙指向購物車指引導用戶點擊
後台操作	正在講解功能	在直播過程中，後台是否多頻次操作【正在講解功能】，充分將商品彈窗展現給用戶

4.2.3

商品曝光人數

理解：商品曝光人數由進入直播間的人數決定的，後台點擊商品講解的按鈕次數越多，曝光就越多；商品曝光率＞60%合格，一定程度反映直播間商品吸引力。

解決：商品本身是否具備吸引力、商品展示是否具備吸引力？主播在商品描述上的吸引力、引導購物車的頻率、是否進行了有力的打單操作？購物車彈出的頻率，動態效果的引導（貼紙等）。

板塊	歸因	具體內容
視聽體驗	主播上身視覺效果	商品上身後是否具有美感，很大程度影響了客户對於商品的購買欲望
	直播間話術 （商品講解話術＋氣氛營造）	主播對於商品的講解是否生動豐富（商品細節、設計、材質等），讓觀眾應知盡知；對於商品的介紹是否擊中用戶的痛點；是否營造出直播間的緊張搶購氛圍
購物車信息	主圖	一個核心看得清、看得美（哪怕人美也可以）
	標題	版型＋風格＋上身效果＋樣式
	賣點	有噱頭（買一送一、主播寵粉福利、現貨秒發、限時預定）
	價格	可以用限時限量秒殺去凸顯價格優勢，上下品之間價格有邏輯可循（價格錯落）更能減少用戶的決策焦慮
後台操作	正在講解功能	在直播過程中，後台是否多頻次操作【正在講解功能】，充分將商品彈窗展現給用戶，吸引更多用戶直接進入到商品詳情頁
商品屬性	商品性價比	與其他商家同類商品相比，直播間所販售的商品是否更具有性價比（同樣的價格更好的質量／同等質量更優惠的價格）
	上新率	對於長期關注直播間的用戶（大部分為老粉）而言，上新率是會影響他們是否有願意查看商品詳情頁的重要原因

4.2.4

商品點擊人數

理解：商品點擊人數是商品曝光人數決定的，代表的是你商品的受歡迎程度，商品的首圖好看和標題亮眼、推薦賣點突出，主播引導頻率越高，點擊率就會越高；商品點擊率一定程度反映主播講解商品能力及商品性價比。

解決：主播的講解吸引力度、主播打單逼單的話術品質。產品連結賣點如何、價位如何？主題＋標題如何？商品本身是否具有吸引力？有沒有福袋的評論引導和看板活動引導？

4.2.5

訂單創建人數

理解：創建訂單人數由商品的點擊人數決定的，主播話術傳達的驚喜越多，緊張感越緊湊，創建的訂單就越多；點擊轉化率一定程度反映主播引導促單能力。

解決：主播打單、逼單的話術行銷性、下單步驟的引導、買點福利的放出、售後說明、過款的節奏、直播間的氛圍、詳情頁是否具有說服力、口碑分是否合適、商品價格的接受程度。

4.2.6

成交人數

理解：成交人數是由創建訂單的人數決定的，這個代表主播的能力，直播間對信任感和緊湊感塑造的越高，成交人數就越多。一定程度反映主播臨門一腳逼單力，打消用戶顧慮。

解決：主播打單、逼單的話術行銷型、下單步驟的引導、買點福利的放出、售後說明、過款的節奏、直播間的氛圍、詳情頁是否有說服力、口碑分是否合適、商品價格接受程度、發貨是時間是否過長、客服的說服能力和回覆速度。

4.2.7

整體資料複盤

今天和大家來聊聊關於做直播複盤的核心方法論。

一、我們需要把大量的基礎資料和資訊都記錄到表格上。注意，用表格記錄，別用文檔，因為表格更利於我們後續的資料整理，資料化的記錄方式會更直觀。雖然部分資料百應後台都是能夠看到的，但資料比較分散不夠集中，我們需要通過表格的形式進行集中記錄，從而監控資料的變化來指導我們的後續行動。

這個表格分三個維度進行資料記錄，分別是直播資料、電商數據、投放資料：

1.直播數據

包含場次、日期、直播時長/小時，單場的PV、UV、粉絲流量占比、評論人數占比、線上人數峰值、平均線上人數、粉絲人均觀看時長、新增粉絲數、粉絲團總人數和轉粉率。

場次	日期	直播時長	直播數據										
			PV	UV	粉絲流量占比	評論人數占比	線上人數峰值	平均線上人數	粉絲人均觀看時長	平均停留時長	新增粉絲數	粉絲團總人數	轉粉率

2、電商數據

數據包含成交人數、銷售額、轉化率、粉絲下單占比、UV價值以及客單價。

電商數據					
成交人數	銷售額	轉化率	粉絲下單占比	UV 價值	客單價
2,379	83,564	7.83%	78.90%	2.17	35.13
4,777	158,508.72	7.58%	80.00%	2.04	33.18
2,913	78,464.63	5.60%	80.50%	1.21	26.94
3,020	65,600.04	4.26%	75.80%	1.10	21.72
1,304	31,942.58	4.35%	77.70%	0.84	24.50

3、投放數據

一般投放的資料是由投手單獨記錄，需要記錄更細緻的資料，這裡的彙整資料主要是記錄幾個重點資料，包含消耗、訂單數、GMV、流量、1分鐘停留、ROI。

投放數據					
消耗	訂單數	GMV	流量數	1 分鐘停留	ROI

二、對資料進行整理分析。

當我們完成了第一步的資料記錄，接下來我們需要用到另外一個表格。這時候我們上一步記錄的資料就發揮作用了，我們需要把第一個表格記錄的一些資料填寫到這張表格，方便我們進一步進行分析。

這個表格的作用主要是針對單場直播做複盤，我們需要對第一步記錄的大量資料和資訊進行分析。首先這裡需要把第一個表格的一些資料記錄在這裡，方便我們作者一場直播的資料概覽。

抖音直播複盤表									
數據概覽	帳號		開播日期	2022.1.1	開播時長	6個小時	直播時間段	下午1點
	觀眾總數	13,000	付款總人數		付款訂單數		銷售額	

然後分別從直播吸引力、直播銷售力、直播流量、短視頻、產品這幾個維度來進行逐一分析：

1、直播內容吸引力分析

直播的內容吸引力主要表現在：最高線上人數、平均停留時長、新增粉絲數量、轉粉率、評論人數、互動率，這些資料都直接反映了我們直播間的內容吸引力，我們需要把各項資料都填到表格上去。

直播內容品質分析			
直播吸引力指標	關聯因素	問題記錄	複盤結論
最高線上人數　188	流量精準度、選品引力、產品展現力，行銷活動力和主播引導力	❶ 聽眾的客群分析，男性占比從35%降到25% ❷ 早餐機還不錯 ❸ 過款的節奏可以快遞 ❹ 直播時間出現在何時合適	❶ 資訊展示如何吸引人，直播商品展示充足 ❷ 目前產品以拖鞋和筷子置物架為主
平均停留時長　0.7分鐘			
新增粉絲數量　548			
轉粉率　4.22%			
評論人數　571			
互動率　4.39%			

自
媒
體
熱
浪
！
玩
轉
直
播
電
商
術

PART
4

　　表格中問題記錄一欄，這點很重要，需要我們的場控或運營在直播的過程中進行即時記錄，把存在的問題都記錄到表格中。比如我們在過哪一個款的時候，直播間的人氣快速上漲了或者下跌了，這個記錄下來是有助於指導我們下一場應該怎麼去過款。當然，這裡除了記錄一些不好的點，我們其實同樣也可以把表現得好的點都記錄下來。複盤結論就是針對資料指標，以及存在的問題進行綜合分析，相關人員進行商議後最終得出結論，資料好的點繼續複製放大，存在的問題改進和規避掉。一般直播間內容吸引力不足可能存在的問題有哪些呢？我們羅列了以下幾點，你在做複盤的時候也可以對號自查：

① 短視頻內容與直播間內容不垂直導致高跳失率，間接阻斷了反向加熱機制。

② 短視頻種草效果不佳，商品展示場景、賣點、表現等不突出。

③ 直播間的場景佈置不行，視覺效果很差。

④ 主播不在狀態，表現得低迷不吸引人，沒有感染力。

⑤ 選品組貨有問題，貨品留不住人。

⑥ 活動設計與互動執行有問題。

2、直播銷售力分析

　　直播間銷售力主要表現在：轉化率、訂單轉化率、客單價、客單件、UV價值，這些資料都直接反映了我們直播間的銷售效率，我們需要把各項資料都填到表格上去。

直播銷售效率分析				
銷售效票指標		關聯因素	問題記錄	複盤結論
轉化率	0.71%	流量精準 產品給力 關聯銷售 直播展示 主播引導	UV 價值太低，需要通過產品的選品和定價來設置過款聯序	重新優化產品組合
訂單轉化率	1.22%			
客單價	8.41			
客單件	1.73			
UV 價值	0.06			

　　與資料指標關聯因素有：流量精準、產品給力、關聯銷售、直播展示、主播引導。

　　同樣，問題記錄，需要我們場控或運營在直播中以及直播後進行記錄，資料基本上都是後置資料，也就是直播後才知道，所以直播後進行記錄，直播中可以記錄關於銷售效率相關的問題。也是和內容吸引力一樣，複盤結論就是針對資料指標，以及存在的問題進行綜合分析，相關人員進行商議後最終得出結論，資料好的點繼續複製放大，存在的問題改進和規避掉。

　　那一般直播間銷售力不足可能存在的問題有哪些呢？以下幾點，可以自行審視：

① 內容不垂直導致流量不精準引起的轉化率低（需要排查內容品質與垂直度）。

② 內容視覺調性差，無法支撐高客單產品。

③ 商品組合銷售與搭配方案有問題導致客單價低。

④ 主播講解能力與引導成交能力差。

⑤ 直播間陳列與商品展示效果差，導致轉化率低、客單價低。

3、 直播流量優化分析。

　　這裡的流量分免費流量和付費流量兩部分，分別記錄，免費流量主要是直播間的流量入口來源：視頻推薦、直播推薦、其他、關注、同城。不過我們可以記錄更精細化一些，抖店羅盤的流量入口分類會更詳細，比如直播推薦分為廣場和自然推薦，我們可以單獨記錄，這樣更利於我們做分析。

直描流量優化分析				
流量來源	占比	人數	問題記錄	複盤結論
視額推薦	10.30%	1,339	❶ 開始 200 人線上留不住，快速下跌的情況 ❷ 四頻共振起來了	❶ 通過計時器 ❷ 要重視短視額拍攝發佈
直播推薦	85.60%	11,126		
其他	2.90%	377		
關注	1.00%	130		
同城	0.20%	26		
付費流量總數		73	❶ 一開始抖音投不出去，去掉貼紙才投出去	❶ 直播間裡面不能出現行銷樣的貼紙，卡片等資訊
Dou+ 短視頻		0		
Dou+ 直播間		73		
Feed 直播間				
自然流量總數		12,927		

　　比如這一場資料我們是不是短視頻的流量占比太高，導致主播一直在給短視頻進來的人做產品銷售，而直播推薦進來的人沒留住，可以讓短視頻進來的人先互動報名，原本的過款節奏別被帶偏了。付費流量也是，這個一般投手需要單獨記錄，比如付費流量什麼時間節點的介入撬動了自然流量，這個期間直播間做了哪些動作，投放期間做了哪些調整，我們都可以記錄下來。

　　然後針對資料指標，以及存在的問題進行綜合分析，相關人員進行商議後最終得出結論，填寫複盤結論那一欄。

4、短視頻內容優化分析

　　短視頻我們要單獨來進行記錄和分析，基礎資料需要把視頻的播放量、獲贊、評論、分享記錄起來。

短視頻內容優化分析						
視頻連結	完播率	播放量 / 獲贊 / 評論 / 分享	總播 放量	視頻導 流人數	視頻點擊 進入率	分析與 建議
調料罐： 4 秒 /15 秒	4.77%	1,415/4/0/0	65,576			
爆款棉拖： 2 秒 /23 秒		8,172/8/0/0				
爆款棉拖： 2 秒 /10 秒	3.13%	2,822/4/0/0				
爆款棉拖： 2 秒 /8 秒	5.95%	51,382/61/0/0				
爆款棉拖： 2 秒 /9 秒	3.80%	1,785/6/1/1				

這裡表格中有一個視頻點擊進入率，這個指標怎麼算呢？首先需要把總播放量算出來，這一場發佈的所有視頻的播放量總和，然後視頻導流人數我們是可以直接在後台看到的，計算公式就是，視頻點擊進入率＝視頻導流人數/總播放量，算出來以後，如果發現視頻點擊率很高的話，那我們後續就可以按照這個思路去拍攝更多的短視頻，如果資料很低，就需要調整改進了。同樣針對短視頻的資料指標，以及存在的問題進行綜合分析，把分析結果記錄到複盤結論那一欄。

5.單品銷售資料分析

最後一個板塊，單品銷售資料分析，這點很重要，我們需要把這一場直播間銷售的產品資料都記錄到表格中，包含了產品名稱、購物車序號、直播間瀏覽量、直播間點擊量、單品點擊率、支付訂單數、單品轉化率、支付GMV、單品UV價值。

品名	購物車序號	直播間瀏覽量	直播間點擊量	單品點擊率	支付訂單數	單品轉化率	支付GMV	單品UV價值
包跟拖鞋 2 雙		7,216	522	7.23%	15	2.87%	298.50	0.57
棉拖鞋 -2 元秒		18,000	12,000	66.67%	127	1.06%	2534.00	0.21
筷子籤置物架		3,710	146	3.94%	10	6.85%	108.90	0.75
早餐機		2,746	47	1.71%	1	2.13%	69.00	1.47
兒童刻度杯		6,078	63	1.04%	1	1.59%	9.90	0.16
垃圾袋 (設講解)		853	9	1.06%	1	11.11%	9.90	1.10
調料盒		2,963	67	2.26%	1	1.49%	9.90	0.15
雞骨剪		2,274	20	0.88%	1	5.00%	9.90	0.50
自動開合油壺		263	4	1.52%	1	25.00%	9.90	2.48
油瓶		2,254	24	1.06%	1	4.17%	5.50	0.23

單品銷售資料分析

單品分析與建議

1、除了第一個留人連結，其他的接操作一致，目的是不要引入變數，方便選品
2、垃圾袋和自動開合油壺沒有講解過，有自然成交，資料也不錯。可以增加
到選品中去。

最後一個板塊，單品銷售資料分析，這點很重要，我們需要把這一場直播間銷售的產品資料都記錄到。通過資料的記錄，我們可以得出很多回饋；比如我們直播間這款自動開合油壺，主播一次都沒講解過，但自然成交的資料很好，說明這個品是有成為爆品的潛力的，我們可以在下一場直播中主播多講解幾次。

完成了資料分析，我們把所有得出結論記錄到最後一欄中去，方便我們下一步的資料總結，形成執行清單。

我們通過以上大量的基礎資料和資訊的記錄，同時還進行了分析，每個對應的板塊都得出了一些結論，此時相信你心裡基本上是有譜了，已經知道該怎麼調整，怎麼優化。但做直播，不是一個人的單打獨鬥，而是一群人的並肩作戰。作為操盤手的你需要讓團隊和你保持同頻，所以來到最後一步，就是我們集中複盤了。

　　我們需要把以上的資料分析結論，進一步形成具體的執行任務，並且需要對應明確到具體的負責人身上，務必執行到位。

綜合優化建議（執行任務舉例）：

1、直播時間貼紙問題：測試解決。

2、重點拍攝短視頻的款：包＋地板拖，一共10個。

3、秒殺5分鐘一輪，其實有10分鐘，銜接扣尺碼＋111+同意好評扣好，拉互動。

4、開始線上200人沒留住，因為秒殺的節奏太快。應該倒計時的時候，直接過。

5、可以延續的地方：每一輪多次提醒重新扣666報名秒殺活動。

6、直播方案中，要確定留人款＋主推款。

7、主播重點塑造價值講解產品賣點＋輔播重點帶節奏促單。

　　剩下的就是進行明確分工，在下一場直播的時候把這些任務都執行到位。以上複盤思路和方法，希望對你有幫助。最後，我再嘮叨一下：

1、應該在什麼時間點進行複盤？最好是堅持每場直播都複盤，但重點複盤的時間點，可以是在你直播間做了一些專門的活動策劃，或做了一些特殊的調整；然後投放的複盤，如果你是商家自播，建議是按周為單位進行複盤，因為投放資料會存在一個長效ROI，單場的資料不能作為投放的效果評估。

2、問自己「憑什麼作出了好資料」？

　　這點我認為真的超級重要，比如我們今天這一場爆了，賣了200w，然後大家興奮激動的就過去了，沒有然後，但作為操盤手記得時刻問自己，我們憑什麼能夠做出這樣的成績？要知道，沒有一件好事情或壞事情是偶然發生的，都是概率化的表現，如何提高我們直播間持續穩定增長的概率呢？重點就是做兩個字「倒推」，你要想想，如果今天獲得的成績缺失了什麼因素就不能夠達成，一直倒推，你就能夠找到根本的原因，要做的事情就是把已經做對的事情做得更好。

3、如何規避掉再次踩坑？如果一條道你都踩過了，也知道有坑，但還是反覆去踩、一錯再錯，從來不總結問題、總結規律、總結錯誤的類型，那你做事情能夠有實際性的進展那就見鬼了。比如我們已經知道了說某一句話術或做某個動作是違規的，那就要避免掉，如果不當回事，直播間很快就會被搞死了。

① 學會多複盤別人，複盤並不是只有複盤自己，複盤別人其實比複盤自己更有價值，因為別人已經把該走的路都走過，該踩過的坑都踩過，既然已經有人幫我們踩過了，那我們為啥要自己去重新踩一遍呢？

② 每場直播記得用電腦錄屏，在複盤分析資料的時候，可以對著錄屏逐步分析，找到這場的優點和缺點。

4.3 | 「長線運營」邏輯養成

4.3.1

傳統電商和興趣電商的增長邏輯有什麼不同？

傳統電商是以漏斗的邏輯來驅動增長，興趣電商是以雪球的邏輯來增長。

1、傳統電商漏斗模型：做電商時間長的上架商家該知道行銷漏斗理論，全稱又叫"搜索行銷效果轉化漏斗"，通俗點說就是把用戶消費的全過程也就是一步步的路徑拆解出來，用一種資料來呈現。比如說打開頁面有多少人，點進去有多少人，添加購物車有多少人，支付下單有多少人，最終完成訂單的有多少人。從最大的展現量到最小的支付量，一層層的縮小的過程表示不斷有客戶因為各種原因離開產生流失。

生意的來源是有限的流量供給，需要源源不斷的去外拓流量，然後來到的流量會在瀏覽、點擊、下單、支付等環節中一步步流失，也就是被過濾掉，最終形成轉化。而對於商品或者服務非常滿意的小部分使用者就能夠沉澱下來，成為的店鋪的粉絲或者老客。

舉個例子：小明最近手機摔壞了，想買一台新手機，但他自己也不知道應該買個什麼樣的手機，於是就打開淘寶搜索手機、5G手機等關鍵字，然後搜索結果就會有一系列的商品展示在他面前，這時候就產生了展示量。每天可能有上萬類似小明的人搜索手機、5G手機，所以在每個人面前展示的總和就是展現量，假設展現在這10,000人面前，並非每個人都會去點擊某個商品，可能有的人直接就會退出這個頁面，這就意味著這部分被流失掉了，而點擊搜索結果的人的次數就是點擊量。同時點擊了的人，可能因為寶貝主圖或者詳情頁介紹不清晰，又流失一部分，但是有些人諮詢了客服，最終成功下單了，可能有的人因為荷包比較緊暫時還未付款，這個時候就產生了下單量，剩餘付款成功的，就是支付量。

以上每個環節都是環環相扣的，每一環節都會流失很多客人，商家要想把生意做好，要麼有源源不斷的新流量匯入，同時優化好每個環節降低流失，要麼做好私域運營，沉澱粉絲和老客，產生複購。

2、興趣電商的雪球模型：如果單獨看一波流量的路徑，本質也是從流量到轉化再到沉澱的漏斗路徑。但拉長時間維度來看，直播間的每一波推流都是相互影響的，當轉化和沉澱資料非常好的時候。系統會把直播間推薦給更多相似的興趣人群；然後這些新的流量進到來以後繼續產生資料，又會促使系統更多的流量分發，流量、轉化、沉澱在一次次迴圈中逐漸放大，形成了一個滾雪球式的增長迴圈。

舉個例子：一個賣大碼女裝的直播間，因為已經破了冷開機，所以剛開播都會有一波推流，但由於直播間的承接能力不行，所以經常到下播的時候，直播間沒什麼人了；於是重新做了調整，從整場直播的策劃、主播話術，直播間場景、產品等維度，於是在下一次開播的時候，因為優化之後，進來的用戶產生了較好的停留、互動、轉化等資料，於是直播間產生了新流量。後來資料一直表現得很好，持續產生了新的流量進入，然後這場直播就從原本一天幾千的銷售額到這場賣了五十幾萬。這個時候就可能有人會問，單場的爆發那之後的開播還會這麼穩定嗎？因為對於商家而言追求的肯定是穩定，而非是單場的爆發。

答案是在抖音上沒有絕對的穩定，每一場直播都是極致的賽馬，你需要和同層級的玩家PK，優勝劣汰，流量的穩定取決於對流量的承接效率，持續做好資料，能提升流量層級，層級越高推流越高，但流量層級也是會掉的。長期做好轉化和沉澱才能讓生意在一次又一次的迴圈中被逐漸放大，從而實現生意的滾雪球式增長。

直播帶貨如何做好長效運營？

如何做好長效經營，沒有標準答案，在去中心化推薦的底層邏輯下，每個商家的成功方法都是獨特的，分享幾點供參考：

1、完善團隊體系：人才是最核心的競爭力，抖音電商的經營需要非常精細化的運營支援，商家的內容有多樣性、資料有時效性、人群有差異性，拼的精細化運營，組建成熟的抖音電商團隊，才能建立起競爭壁壘。

2、搭建成熟供應鏈：電商的本質是產品，發展的基礎是商家對產品品質的把控，不管是直播還是達人合作，品質好才能贏得口碑；其次是選品和測品，通過爆品來支撐生意，新品發掘增長。

3、提升服務品質：做好售前服務可以提高流量利用效率，加速生意增長正迴圈，帶來生意增量。做好售後服務可以降低運營成本，提高店鋪的體驗分。

4、利用好投放工具：廣告投放對於商家最大的價值是能帶來穩定的流量來源，同時幫助我們校準人群標籤，撬動自然流量，能助於推動生意長效增長。

5、做好私域運營：隨著抖音電商發展越來越成熟，夠直連用戶、反覆觸達和轉化、可控低成本運營的私域業態，將會成為商家經營的重要方式。商家需要圍繞粉絲進行全生命週期管理，在私域進行持續投入和長效經營，長期與粉絲構建親密關係。

4.3.3

如何提高直播間的靜默下單率？

靜默下單就是這個用戶不跟你評論、不點贊、不關注，自己默默地點擊小黃車下單支付，這種人還挺多的，靜默下單主要因為你掛的東西他覺得不錯才去下單，那該怎麼提升靜默下單率呢？關鍵就是在於你的直播間氛圍、你的場控、你的整個運作是到位的，這個運作是指的你在直播間裡面自問自答，對整個的氛圍控制，其實他不是沒有問題，而是他想問的問題有人問了，而且你回答的比較好，所以在直播間裡面運營的動作裡面，主播和場控、主播和助理之間一定要學會自造問題，自造問題造得好的話，公屏你根本回都不用回，就能讓人自己下單。

4.3.4

搜索置頂合集有什麼作用？

合集關聯度是最高的，也就是說目前在每一個帳號上，合集的搜索權重是排第一的，比如說賣衣服的建了一個羽絨服的合集，把帳號上拍的有關羽絨服的視頻全部都放在合集裡，那合集的名稱會拿到最高的搜索權重，大家可以去搜一下羽絨服或者大衣或者羊絨衫，看看是不是能找到這樣的合集，在搜索權重是最高的。

4.3.5

開播前的預熱視頻該怎麼發才能效果最大化？

預熱視頻，其實不只可以發視頻，還有一個發日常的功能，每天可以發一次，日常的播放量其實是高於視頻的，可以在開播前兩個小時發一條日常、發一條預熱視頻，內容可以接近類似，兩條視頻說明跑開播前的流量。

干預流量的三個黃金時段是什麼時候？

最值得干預的三個時段是開播的前10分鐘，前30分鐘和前2個小時，這是最值得你用DOU+或者其他福袋和紅包去干預的時段。

影響搜索排名的因素有哪些？

現在抖音的搜索排序跟直播間的熱度有關係，跟商品的銷量有關，這裡就要求你的連結不要老下掉，就是一個商品賣的時候隨便掛個連結，在直播裡面你特別不重視這個連結，大不了再上一個，經常是一個品上好幾個連結，有的時候一個連結差評多了就直接換個連結，但是現在這麼做之後，也就意味著一個連結會有權重或者排名，不能隨便下連結了，所以以後要做長連結。

自媒體熱浪！
玩轉直播電商術 ▶

搶搭直播潮 4招締造高效行銷

書名：自媒體熱浪!玩轉直播電商術

著作人：陳湧君、梁賓先

發行人：梁賓先

出版社：丹道文化出版事業股份有限公司

地址：新竹市公道五路二段120號12樓

電話：(03) 575-3331

出版：2023年9月初版

定價：新台幣400元

ISBN 978-957-9673-47-1 (平裝)

國家圖書館出版品預行編目(CIP)資料

自媒體熱浪!玩轉直播電商術 : 搶搭直播潮 4招締造高效
行銷 / 陳湧君, 梁賓先作. -- 初版. -- 新竹市 : 丹道文化出
版事業股份有限公司, 2023.09
面 ; 公分
ISBN 978-957-9673-47-1(平裝)

1.CST: 網路行銷 2.CST: 網路社群 3.CST: 電子商務

496   112014192

代理經銷／白象文化事業有限公司

401 台中市東區和平街228 巷44 號

電　話：(04)2220-8589

傳　真：(04)2220-8505